珍 藏 版

Philosopher's Stone Series

哲人石丛书

立足当代科学前沿

彰显当代科技名家

绍介当代科学思潮

激扬科技创新精神

珍藏版策划

王世平　姚建国　匡志强

出版统筹

殷晓岚　王怡昀

失败的逻辑

事情因何出错，世间有无妙策

The Logic of Failure

Why Things Go Wrong
and
What We Can Do
to Make Them Right

Dietrich Dörner

[德]迪特里希·德尔纳 —— 著

王志刚 —— 译

上海科技教育出版社

"哲人石",架设科学与人文之间的桥梁

　　"哲人石丛书"对于同时钟情于科学与人文的读者必不陌生。从 1998年到2018年,这套丛书已经执着地出版了20年,坚持不懈地履行着"立足当代科学前沿,彰显当代科技名家,绍介当代科学思潮,激扬科技创新精神"的出版宗旨,勉力在科学与人文之间架设着桥梁。《辞海》对"哲人之石"的解释是:"中世纪欧洲炼金术士幻想通过炼制得到的一种奇石。据说能医病延年,提精养神,并用以制作长生不老之药。还可用来触发各种物质变化,点石成金,故又译'点金石'。"炼金术、炼丹术无论在中国还是西方,都有悠久传统,现代化学正是从这一传统中发展起来的。以"哲人石"冠名,既隐喻了科学是人类的一种终极追求,又赋予了这套丛书更多的人文内涵。

　　1997年对于"哲人石丛书"而言是关键性的一年。那一年,时任上海科技教育出版社社长兼总编辑的翁经义先生频频往返于京沪之间,同中国科学院北京天文台(今国家天文台)热衷于科普事业的天体物理学家卞毓麟先生和即将获得北京大学科学哲学博士学位的潘涛先生,一起紧锣密鼓地筹划"哲人石丛书"的大局,乃至共商"哲人石"的具体选题,前后不下十余次。1998年年底,《确定性的终结——时间、混沌与新自然法则》等"哲人石丛书"首批5种图书问世。因其选题新颖、译笔谨严、印制精美,迅即受到科普界和广大读者的关注。随后,丛书又推

出诸多时代感强、感染力深的科普精品,逐渐成为国内颇有影响的科普品牌。

"哲人石丛书"包含4个系列,分别为"当代科普名著系列"、"当代科技名家传记系列"、"当代科学思潮系列"和"科学史与科学文化系列",连续被列为国家"九五"、"十五"、"十一五"、"十二五"、"十三五"重点图书,目前已达128个品种。丛书出版20年来,在业界和社会上产生了巨大影响,受到读者和媒体的广泛关注,并频频获奖,如全国优秀科普作品奖、中国科普作协优秀科普作品奖金奖、全国十大科普好书、科学家推介的20世纪科普佳作、文津图书奖、吴大猷科学普及著作奖佳作奖、《Newton-科学世界》杯优秀科普作品奖、上海图书奖等。

对于不少读者而言,这20年是在"哲人石丛书"的陪伴下度过的。2000年,人类基因组工作草图亮相,人们通过《人之书——人类基因组计划透视》、《生物技术世纪——用基因重塑世界》来了解基因技术的来龙去脉和伟大前景;2002年,诺贝尔奖得主纳什的传记电影《美丽心灵》获奥斯卡最佳影片奖,人们通过《美丽心灵——纳什传》来全面了解这位数学奇才的传奇人生,而2015年纳什夫妇不幸遭遇车祸去世,这本传记再次吸引了公众的目光;2005年是狭义相对论发表100周年和世界物理年,人们通过《爱因斯坦奇迹年——改变物理学面貌的五篇论文》、《恋爱中的爱因斯坦——科学罗曼史》等来重温科学史上的革命性时刻和爱因斯坦的传奇故事;2009年,当甲型H1N1流感在世界各地传播着恐慌之际,《大流感——最致命瘟疫的史诗》成为人们获得流感的科学和历史知识的首选读物;2013年,《希格斯——"上帝粒子"的发明与发现》在8月刚刚揭秘希格斯粒子为何被称为"上帝粒子",两个月之后这一科学发现就勇夺诺贝尔物理学奖;2017年关于引力波的探测工作获得诺贝尔物理学奖,《传播,以思想的速度——爱因斯坦与引力波》为读者展示了物理学家为揭示相对论所预言的引力波而进行的历时70年的探索……"哲人石丛书"还精选了诸多顶级科学大师的传记,《迷人的科学风采——费恩曼传》、《星云世界的水手——哈勃传》、《美丽心灵——纳什传》、《人生舞台——阿西莫夫自传》、《知无涯者——拉马努金传》、《逻辑人生——哥德尔传》、《展演科学的艺术家——萨根传》、《为世界而生——霍奇金传》、《天才的拓荒者——冯·诺伊曼传》、《量子、猫与罗曼史——薛定谔传》……细细追踪大师们的岁月足迹，科学的力量便会润物细无声地拂过每个读者的心田。

"哲人石丛书"经过20年的磨砺，如今已经成为科学文化图书领域的一个品牌，也成为上海科技教育出版社的一面旗帜。20年来，图书市场和出版社在不断变化，于是经常会有人问："那么，'哲人石丛书'还出下去吗?"而出版社的回答总是："不但要继续出下去，而且要出得更好，使精品变得更精!"

"哲人石丛书"的成长，离不开与之相关的每个人的努力，尤其是各位专家学者的支持与扶助，各位读者的厚爱与鼓励。在"哲人石丛书"出版20周年之际，我们特意推出这套"哲人石丛书珍藏版"，对已出版的品种优中选优，精心打磨，以全新的形式与读者见面。

阿西莫夫曾说过："对宏伟的科学世界有初步的了解会带来巨大的满足感，使年轻人受到鼓舞，实现求知的欲望，并对人类心智的惊人潜力和成就有更深的理解与欣赏。"但愿我们的丛书能助推各位读者朝向这个目标前行。我们衷心希望，喜欢"哲人石丛书"的朋友能一如既往地偏爱它，而原本不了解"哲人石丛书"的朋友能多多了解它从而爱上它。

上海科技教育出版社

2018年5月10日

学者对谈

"哲人石丛书":20年科学文化的不懈追求

◇ 江晓原(上海交通大学科学史与科学文化研究院教授)
◆ 刘兵(清华大学社会科学学院教授)

◇ 著名的"哲人石丛书"发端于1998年,迄今已经持续整整20年,先后出版的品种已达128种。丛书的策划人是潘涛、卞毓麟、翁经义。虽然他们都已经转任或退休,但"哲人石丛书"在他们的后任手中持续出版至今,这也是一幅相当感人的图景。

说起我和"哲人石丛书"的渊源,应该也算非常之早了。从一开始,我就打算将这套丛书收集全,迄今为止还是做到了的——这必须感谢出版社的慷慨。我还曾向丛书策划人潘涛提出,一次不要推出太多品种,因为想收全这套丛书的,应该大有人在。将心比心,如果出版社一次推出太多品种,读书人万一兴趣减弱或不愿一次掏钱太多,放弃了收全的打算,以后就不会再每种都购买了。这一点其实是所有开放式丛书都应该注意的。

"哲人石丛书"被一些人士称为"高级科普",但我觉得这个称呼实在是太贬低这套丛书了。基于半个世纪前中国公众受教育程度普遍低下的现实而形成的传统"科普"概念,是这样一幅图景:广大公众对科学技术极其景仰却又懂得很少,他们就像一群嗷嗷待哺的孩子,仰望着高踞云端的科学家们,而科学家则将科学知识"普及"(即"深入浅出地"

单向灌输)给他们。到了今天,中国公众的受教育程度普遍提高,最基础的科学教育都已经在学校课程中完成,上面这幅图景早就时过境迁。传统"科普"概念既已过时,鄙意以为就不宜再将优秀的"哲人石丛书"放进"高级科普"的框架中了。

◆ 其实,这些年来,图书市场上科学文化类,或者说大致可以归为此类的丛书,还有若干套,但在这些丛书中,从规模上讲,"哲人石丛书"应该是做得最大了。这是非常不容易的。因为从经济效益上讲,在这些年的图书市场上,科学文化类的图书一般很少有可观的盈利。出版社出版这类图书,更多地是在尽一种社会责任。

但从另一方面看,这些图书的长久影响力又是非常之大的。你刚刚提到"高级科普"的概念,其实这个概念也还是相对模糊的。后期,"哲人石丛书"又分出了若干子系列。其中一些子系列,如"科学史与科学文化系列",里面的许多书实际上现在已经成为像科学史、科学哲学、科学传播等领域中经典的学术著作和必读书了。也就是说,不仅在普及的意义上,即使在学术的意义上,这套丛书的价值也是令人刮目相看的。

与你一样,很荣幸地,我也拥有了这套书中已出版的全部。虽然一百多部书所占空间非常之大,在帝都和魔都这样房价冲天之地,存放图书的空间成本早已远高于图书自身的定价成本,但我还是会把这套书放在书房随手可取的位置,因为经常会需要查阅其中一些书。这也恰恰说明了此套书的使用价值。

◇ "哲人石丛书"的特点是:一、多出自科学界名家、大家手笔;二、书中所谈,除了科学技术本身,更多的是与此有关的思想、哲学、历史、艺术,乃至对科学技术的反思。这种内涵更广、层次更高的作品,以"科学文化"称之，无疑是最合适的。在公众受教育程度普遍较高的西方发达社会，这样的作品正好与传统"科普"概念已被超越的现实相适应。所以"哲人石丛书"在中国又是相当超前的。

这让我想起一则八卦：前几年探索频道（Discovery Channel）的负责人访华，被中国媒体记者问到"你们如何制作这样优秀的科普节目"时，立即纠正道："我们制作的是娱乐节目。"仿此，如果"哲人石丛书"的出版人被问到"你们如何出版这样优秀的科普书籍"时，我想他们也应该立即纠正道："我们出版的是科学文化书籍。"

这些年来，虽然我经常鼓吹"传统科普已经过时"、"科普需要新理念"等等，这当然是因为我对科普作过一些反思，有自己的一些想法。但考察这些年持续出版的"哲人石丛书"的各个品种，却也和我的理念并无冲突。事实上，在我们两人已经持续了17年的对谈专栏"南腔北调"中，曾多次对谈过"哲人石丛书"中的品种。我想这一方面是因为丛书当初策划时的立意就足够高远、足够先进，另一方面应该也是继任者们在思想上不懈追求与时俱进的结果吧！

◆ 其实，究竟是叫"高级科普"，还是叫"科学文化"，在某种程度上也还是个形式问题。更重要的是，这套丛书在内容上体现出了对科学文化的传播。

随着国内出版业的发展，图书的装帧也越来越精美，"哲人石丛书"在某种程度上虽然也体现出了这种变化，但总体上讲，过去装帧得似乎还是过于朴素了一些，当然这也在同时具有了定价的优势。这次，在原来的丛书品种中再精选出版，我倒是希望能够印制装帧得更加精美一些，让读者除了阅读的收获之外，也增加一些收藏的吸引力。

由于篇幅的关系，我们在这里并没有打算系统地总结"哲人石丛书"更具体的内容上的价值，但读者的口碑是对此最好的评价，以往这套丛书也确实赢得了广泛的赞誉。一套丛书能够连续出到像"哲人石丛书"这样的时间跨度和规模,是一件非常不容易的事,但唯有这种坚持,也才是品牌确立的过程。

最后,我希望的是,"哲人石丛书"能够继续坚持以往的坚持,继续高质量地出下去,在选题上也更加突出对与科学相关的"文化"的注重,真正使它成为科学文化的经典丛书!

2018年6月1日

对本书的评价

◇

本书中史无前例的计算机模拟研究显示，我们的失败不是由于缺乏好的意向，而往往是不恰当的思维过程的产物。根据德尔纳的观点，避免失败的关键在于要用系统，而不要用分量；要以整体，而不要以局部的方式进行思维。真是一部迷人的读物！

——科维（Stephen R. Covey），

《高效人的七种习惯》的作者

◇

迪特里希·德尔纳给我们提供了一种新鲜而有头脑的看问题的方法，对任何一个管理企业的人，或者哪怕只是计划第二天工作的人，都是重要的。

——兰格（Ellen Langer），《留心》的作者

◇

这是一本以一种前所未有方法研究错误的性质和起源的特别重要的图书。

——里森（James Reason），《人类的错误》的作者

◇

独创的研究可能以许多不同的性质为特征：新颖的调查线索，新颖的方法，新颖的概念。最佳情况是同时具有所有这些特征，《失败的逻辑》恰属这种最佳情况。

——《法兰克福汇报》（*Frankfurter Allgemeine Zeitung*）

内容提要

　　为什么铁路信号系统工作正常时,列车仍然会发生撞车事故？为什么所有操作人员都警觉地坚守着工作岗位,核反应堆依然会发生灾难性的熔化事故？为什么我们制订得甚好的那么多专业和个人计划,会如此频繁地出岔子?

　　迪特里希·德尔纳,德国最高科学奖获得者,在此考虑为什么——假定具备所有的智能、经验和信息条件——我们却仍然会犯错误,有时甚至引起灾难性的后果。令人惊讶的是,他发现问题的答案不在于疏忽或粗心,而缘于他所谓的"失败的逻辑":我们思维模式中的某些倾向——诸如一次只做一件事,因果关系,还有线性思维——它们适合于过去的简单世界,对于我们现在所生活的复杂世界却有着灾难性影响。当今世界,一切事物都是相互关联的。我们不能一次只做一件事情,因为每件事都有多重结果;我们不能用孤立的因果模式考虑问题,因为所有的情况都有副作用和长远影响。

德尔纳给我们找到了不少例子。为什么阿斯旺水坝的规划者们，只想到会给埃及带来廉价用电的好处，却没有意识到他们也将会中断几千年来维持尼罗河谷地肥沃富饶的一年一次的洪水漫灌？为什么第三世界健康计划的规划者们不能认识到提高平均寿命就要求增加食物供应，从而疏忽地终止对饥民的捐助？

德尔纳指出，在未了解一个复杂系统中所有连锁因素之前就采取行动，即使我们怀着善良的意愿，也难免铸成大错。面对我们力不能及的问题，小错误累积起来，最后就会酿成严重的错误结论。过于频繁地忽视问题的大局，却只在我们知道如何做的范围内寻求权宜之计——这只能是杯水车薪无济于事。

德尔纳用他自己编制的引人入胜的计算机模拟程序，揭示了我们思维中的这些缺陷。他的例子——有时是开心的，有时是吓人的——和他那令人挠头的思想实验，使我们认识到应该如何处理复杂问题。这些实例使本书成为一件矫正工具，一种明智的规划和决策指南，使商业经理、决策者以及面临由此及彼日常挑战的每一个人的思维技巧更加敏锐。本书将改变我们构思变化的方法本身，使我们对成功之路的判断能力得到提高。

作者简介

迪特里希·德尔纳(1938—),德国班贝格大学心理学教授,认知行为领域的一位权威,1986年度德国最高科学奖莱布尼兹奖获得者。他是马克斯·普朗克研究所认知人类学项目主任,已出版《问题解决中的认知结构》、《作为信息再处理的问题解决》、《洛毫森——与不确定性和复杂性打交道》、《心理学》等专著,在思维、美学、人类情感、问题解决、规划、抉择、方法论等领域发表了160多篇论文。

CONTENTS 目录

目 录

致　谢

　　凡写过书的人都知道,书不是只靠自己一个人就能写成的。

　　感谢我的妻子西格丽德(Sigrid),她提出了许多改进建议,还提供了背景材料。

　　感谢我的父亲关于本书的写作思想,我们进行了多次讨论。

　　感谢科克(Michael Kock)对本书书名的建议。

　　感谢卡彻(Lydia Kacher)机灵而迅速的工作和她的耐心。

　　感谢黑特尔(Kristin Härtl)重新发现了费马公式。

　　感谢班贝格大学心理学系的所有同事们与我一起度过了许多个星期四。

　　感谢罗佛尔特出版社吉塞尔布施(Hermann Gieselbusch)先生的耐心、理解和许多建议,感谢他在正确的地点和正确的时间所施加的压力。

　　翻译一本书,如果不仅仅是一本技术手册的话,基本上说来等于重写这本书。我觉得,在这种情况下,译者在这一创造性的劳动中已取得了令人钦佩的成功,因而我要感谢金伯夫妇(Rita and Robert Kimber)将本书译成英文。他们在翻译中保持了那难以定义和领会的特性:原文的那种"精气神"。

我还要对大都市出版社我的编辑伯舍尔(Sara Bershtel)女士表示衷心的感谢,她把技术、耐心和关注贯穿于出版本书这一艰难工程的始终。我还要感谢吉露莉(Diana Gilooly)和施洛斯(Roslyn Schloss)对本书手稿细致而灵敏的工作。

最后,我不会忘记别拉(Bjela)和所有的研究生。

迪特里希·德尔纳

为什么会发生这种情况?

大家都兴致勃勃。物理学家笑着讲他的故事:"对提出的计划,人人赞同。市长得到市民和市政议会的一致拥护。因为城里拥挤的交通及其所造成的噪声和空气污染,已经达到不可容忍的程度,人们把车速限制降低到每小时20英里(1英里 = 1.6093千米),而且为了防止超速,又在多处设置了水泥的限速颠簸路障。

"但是,结果并不像规划者所期望的那样。车速较低,迫使车辆总挂着二挡而不是三挡行进,以致噪声更大,产生的废气更多。去商店买东西,过去只花20分钟,可现在得花30分钟。这样,市区汽车的数量,无论何时都比过去明显增加。这是一场灾难吗? 不——由于进城买东西如此麻烦,结果,进城的人也就变得越来越少。如此说来,总算达到了预期结果? 不尽然。因为即使交通量逐渐恢复到原来的水平,可噪声和空气污染依然相当严重。在交通量增加的时段,情况还会更糟。到处传言说,临近的城郊有一个购物大商城,每周一次去那里远足购物,既实惠又省时。于是,越来越多的人便开始采纳这种购物方式。这给市长造成的困扰是,市区一向繁荣的商业,现在纷纷开始摇摇欲坠,濒临破产,政府的税收也锐减直下。原先的主导计划演变成一个大失误,它在今后很长一段时间里,将给该社区造成沉重负担。"

　　这个有环境意识的城市的命运证明人的规划和决策过程是如何失败的。如果我们没有对各种可能的副作用和长期影响给予足够关注，如果我们实施各种修订措施时胆子过大或过小，或者，如果我们忽视了本该考虑到的各种承诺，我们便会受挫、失败。今年一个舒适的夏日早晨，物理学家及他的同事经济学家和我三人，在班贝格大学的一个大厅里散步时，他俩产生了关于有效地制订计划作决策的想法。这两人都来自一个大而有名的工业企业，他们到这儿来的使命，是熟悉由我和我的几位心理学系的同仁一起开发出来的一套计算机模拟城市规划的游戏软件，并了解这些游戏软件是否可用于他们公司的培训计划。起初是关于人类思维和行为的失败等一般性谈话，当然其中有一些话题是关于人们的自负心理，认为失败总是发生在别人的身上——例如，一个小城市的市长，或者一个大公司里因其经营政策使公司濒临倒闭的经理们，或者一些公共组织中滥用基金的理事们等。谈话中诸如此类没有言明的假定总是，如果有机会，**我们**会干得比他人好得多。

　　两个小时过后，轻松的谈话气氛有了明显的变化。两位来访者在那段时间里，已经搞通了一个规划游戏软件，其任务是为摩洛人创造更好的生活条件。摩洛族是西非的一个半游牧部落，他们在萨赫勒地区赶着牧群寻找水源，从一个地方流浪到另一个地方，另外也种植少量稷谷类作物。他们的日子过得不太好。婴儿死亡率高而平均寿命低；屡遭饥荒使他们的经济受损；舌蝇摧残着他们的牛，牛群大量增殖受阻。简言之，他们的生活境况是可怕的。但是，现在有了解决的办法。他们有钱了，可以采取多种措施对付舌蝇；可以钻深井以改善灌溉条件，并有可能扩大牧场；可以施用化肥并种植不同品种的稷谷，提高农作物的产量；还可以建立一个医疗保健中心。对摩洛人来说，现在他们能够做的事说不完，至少在我们计算机模拟的萨赫勒地区是这样。

　　现在，经济学家和物理学家要按照自己的意愿来玩游戏了。他们收集信息,钻研摩洛人居住区的地图,提出各种问题,考虑各种可能性,放弃一组组计划,再订出一组组新的计划,最后作出某些决策,将其输入计算机。接着,计算机就来计算那些决策可能带来的各种影响。

数年的时间在几分钟内飞逝而过,计算机活像一台时间机器在工作着。20(模拟)年或者是说2(真实)小时后,物理学家客气地但又显然带有几分生气地提醒经济学家注意,模拟报告显示,摩洛人所打的深井出水量减少了。"亲爱的伙计,打一开始我便认为,所有这些钻打深井之举是一个坏主意,而且,我曾在模拟的第七年就明白无误地说过这些话。"

经济学家愤愤不平地回敬道:"我压根儿就不记得。恰恰相反,你一直坚持提议说,最有效的办法就是打深井。顺便指出,你对医疗保健事业的想法也不是特别高明。"

这一冲突的原因是摩洛地区的发展状况实在太沉闷。开始,生活标准有所改善,但很快又下滑了。在模拟的20年期间,摩洛族的人口翻了一番。幸亏有一个良好的医疗卫生系统,死亡率——尤其是婴儿死亡率——急剧下降。同样,由于成功地扑灭了舌蝇,没多久牛的数量便大大增加。同时,由于打了许多深井,摩洛人得以利用丰富的地下水资源,迅速扩大他们的牧场。但是,最终牧场不再能养育庞大的牧群,发生了过牧现象。饥饿的牛啃食草根充饥,牧草植被区收缩。而到了第20个年头,几乎没有牛留存,因为这时牧场已经几近荒废。再打更多的深井,虽然可以缓解燃眉之急,但这样一来却会更快地使剩下的地下水资源枯竭。现在,摩洛人已处于一种绝望的境地,只能靠大量外援来缓解他们的困难。

为什么会发生这种情况?我们这两位有学术素养的游戏玩家当然不是援助发展中国家的专家。相反,他们却自认为很有能力对付这些存在的问题,他们的确很有诚意。但无论如何,他们曾作出了可怕的决策。他们钻了许多井,而没有考虑到,地下水不是一种很容易就能补充的资源。他们建立了有效的医疗保健体系,降低了婴儿死亡率,延长了平均寿命,却没有实行计划生育。简言之,他们解决了一些亟待解决的问题,但是没有考虑到,在解决老问题的过程中会产生一些新问题。现在他们不得不用严重减损了的资源来养活一个人口庞大的社会群体。一切都比过去更加复杂。倘若真的没有外来援助,其结果必将是大规模饥荒。

值得一提的是,摩洛规划游戏中没有设置任何攻关秘诀,玩这个游戏不需要具备特殊的专门技术。所发生的一切确实是很显然的:如果你打很多井,必将耗尽地下水;而如果地下水得不到补充(在撒哈拉南部边界地带,又如何补充数量可观的地下水呢?),游戏便要失败。从事后诸葛亮的意义上讲,这一事实显而易见。摩洛规划游戏的失败其所以令人吃惊,正是因为这种因果关系如此简单。不会有人因为没有注意到须用专业知识来解决一些非常奥妙的难点而苦恼,但是,如果忽视了非常显然的问题,我们会感到伤心,而现在正是这种情况。

摩洛规划游戏的结果说明,即使有才能有智慧的人在对待复杂系统时,也会碰到种种困难。那两位经济学家和物理学家绝非逊人一筹,他们的举措与真实情况中"专家们"的做法没有什么两样。

在南非发生过一个真实的灾难,那是在奥卡万戈三角洲几个地方进行的并非有意安排的反饥饿计划的结果。[1]科学家们制定出一个简单的计划:抑制舌蝇,然后用菜牛群替换野生动物群。开始,一切顺利。但不久,数百个新牛群也迁入这一地区。由于过牧和干旱,这一片原来可供居住的土地很快变成了沙漠。

像摩洛族地区一样,我们面临着密切地(虽然常常是微妙地)相关联的一系列问题。现代世界由无数相互联系的子系统所组成,我们必须从这些相互联系的角度去思考问题。而过去,这种考虑问题的方法并不太重要。100年前,洛杉矶的发展与萨克拉门托峡谷区的牧场主有什么关系呢?没有。但是如今,贯通加州南北的灌溉渠,使得北加州和南加州常为用水苦苦争斗。40年前,伊斯兰教派的分歧与我们何干?显然,毫无关系。可如今全世界的相互联系,使得这一纷争对任何地方来说都很重要。

人类好像从很早就开始形成一种倾向,即处理问题都有某种特别的根据。假定我们手头的任务是砍柴,是将一个马群赶进峡谷,或者是为捕猎一种庞然大物制作一架捕兽器,所有这些工作都是此时此刻的问题,而且通常情况下,超出它们本身是没有什么意义的。但是石器时代的部落成员需要的大量木柴对森林恰恰构成了一种威胁,正如他们的打猎活动对野生动物的分布构成威胁一样。虽然某些种类的动物看来屡遭过分猎杀,并在史前已经灭绝,但是大体说来,史前的祖先们不必超越当时情况本身来考虑问题。观察问题必须考虑到它包含在许多其他相关问题之中,这样看问题的必要性那时很少出现。但对我们来说,这是原则而非例外。我们的思维习惯符合系统地考虑问题的要求吗?当我们不得不考虑各种副作用和长远影响时,我们又容易犯哪些错误呢?

在我们论及诸如环境恶化、核武器制造、恐怖主义和人口过剩等问题时,上述疑问尤为重要。像试图帮助摩洛人一样,人们处理这类棘手问题所作的努力,却造成了一些新问题或使一些老问题恶化。我们思维能力在表面上的失败,已经激起对人类智力的广泛批判。如果说批判不是因为存在着各种问题,那么至少是因为我们没有能力去解决所存在的问题。他们提出的各种理论,咄咄逼人而且范围很广,有遗传说,有进化说,有文化决定论等。

一些分析家抱怨,我们所有的困难都源于如下事实:我们无拘无束地生活在一个用史前大脑所装备起来的工业时代。[2]他们认为,我们之所以用简单的因果链方式进行思维,是因为从遗传学上讲,我们已经被预先编程了。他们还把我们没有能力解决自己的问题也归于遗传编程的范畴。另一些分析家注意到,进化作用为人类感觉器官的发展提供了条件。[3]当我们对世界及发生在其中的事件形成一种假设时,有强烈的倾向使其形象化,所以,我们的头脑在领悟那些无法形象化的问题时便会遇到很大的困难。还有一些分析家主张,困扰的根源在于夫权统治社会。他们区分出"串行的"男性思维和"并行的"女性思维,并认为后者更适合于对付复杂问题。说实在的,整个西方"分析"思维的传统,往往是造成我们所有不幸的原因。

许多受欢迎的作家不再停留于抱怨,他们已经提出若干彻底解决问题的对策。有些对策以神秘的思维和学习新疗法为基础。例如,几年前一本畅销书阐述了一种方法,教我们如何在两周内思考问题。另一本书承诺教我们"新思维法",但是对于这种所谓的新思维法究竟是什么,却守口如瓶,只字未提。[4]许多个人和机构宣扬选修一批课程的益处,其中包括"创造性思维"、灵机一动、共同研讨、3W法、Q5P法等等。一些公司推荐(并推销)"超级学习",据说我们甚至可以通过在睡觉中学习,而大大地提高认知能力。

其他对策则以人脑的各种简易理论为根据:我们仅用了10%的智力潜能,必须开拓另外的90%;大脑可以绘制成红色区、绿色区和白色区,我们必须比从前更多地使用大脑的绿色部分;还有,我们的右半脑和左半脑具有不同的功能,我们必须更多地依靠右半脑。

应该如何看待所有这一切呢?我们认为,存在一种神秘的智力诀窍一举使人的大脑变聪明,更好地解决复杂问题,此种可能性实际上为零。我们的大脑隐含着大量的潜能一说同样也是不可能的。如果存在这些东西的话,我们早就使用它们了。自然界中还没有发现过这样一种动物,它只用三条腿到处跑动,而拖着第四条功能完好的腿却不使用。我们大脑的运作方式与动物对腿的使用并无二致。我们必须对此有清醒的认识:不存在什么魔杖或隐藏的珍宝,能使我们顷刻变成深沉而强有力的思想家。

但是,如果我们理解了有待解决的问题对我们所提出的各种要求,以及我们试图满足这些要求时最容易犯的错误,那么是可以取得真正的改进的。我们的大脑并不存在根本缺陷;只是我们养成了一些坏习惯。当我们无法解决一个问题时,失败的原因在于:我们往往在这儿犯一个小错误,又在那儿犯一个小错误,而这些小错误累加了起来;定目标时,这儿不够具体,那儿过于一般;做计划时,这儿太细,那儿太粗,如此等等。

本书的主题是阐述处理复杂问题时我们思维的特性。我将描述人类在试图处理这些复杂问题时,为何会犯各种错误,他们怎样走入死胡同,又如何进行迂回。但是,我并非仅仅讨论思维的问题,因为思维总是扎根于精神活动的整个过程之中。没有感情就没有思想。例如,当我们不能解决问题时,就会恼怒,而恼怒会影响我们的思维。思维是交织在感觉和情绪的连带关系之中的;思维影响这种关系,而反过来又受到这种关系的影响。

思想又总是处于价值和动机之中的。我们通常不是为思维而思维,而是根据我们的价值系统达到某些确定的目的。这里出现了混乱的可能性:珍贵的价值和被视为必要的量度标准之间的冲突,可能产生某些奇怪的思想扭曲——“为和平而轰炸!”原来的价值,被扭曲成其对立面。动机同样会提供不明确的指导原则。有些人会说有价值的是我们思维背后的意图,思维只起一种服务作用,帮助我们实现我们的目标而不能触及我们世界的祸根。在我们的政治环境下,我们似乎完全被各种良好意图所包围。但是,培育良好意图是一个十分容易的智力练习,而起草计划来实现那些有价值的目标却是另一回事。另外,现在还远不清楚,是否"良好意图加愚蠢"或者"邪恶意图加聪明"已给世界造成了更多的伤害。有良好意图的人通常很少对追求自己的目标产生疑虑。结果,无能本来保持着无害,却常常会变得很危险,特别是意图良好而无能的人在抑制意图不好而能力强的人的行为时,很少感到良心上的不安。我们的意图总是良好的,这种深信无疑的态度,可能使那些最可疑的手段神圣化了。

在善良名义下所追求的各种善良意图,结果决无保证。我们的物理学家和经济学家渴望为摩洛人建造一个幸福的未来,其结果如何?他们确定了各种目标,并为实现这些目标而行动,最后却失败了。这是为什么?的确,他俩都没有责任;失败也不是由于眼光短浅和不完全了解情况所致。我怎么会有责任呢?毕竟我好心好意。那是另一个人错了,是他把工作搞糟了,钻深井的愚蠢想法就是**他的**!在实验室里,我们可以取消弄错的东西,但在真实世界里,谈何容易。

我们的思维,总是以它对于情绪和考虑、良心和野心之间巧妙的相互影响,来反映我们周围丰富多彩的世界。确定人类在复杂情况下订计划和作决策特征的实验,在理想情况下应该逼近真实。我们应该研究大量的实例——例如,真实的政治家、机构领导以及市政官员等的计划和行动情况。但是,这样的一个工程陷入困境,因为仅有一些孤立的实例可供研究,而我们不能根据这样少的例子进行类推。而且,现实社会的决策过程很少会有完好的文献记录,而重建这样的文献即使不是不可能,也是很困难的。这类真实过程的报告,往往不是被无意歪曲,就是被故意篡改了。

幸运的是,计算机技术允许我们模拟几乎任何复杂的我们可能希望研究的情况:从花园水池的动植物群,到小城市里社会上的相互影响。计算机情景的灵活性,允许心理学家和其他社会科学家用实验方法来考察那些以前只在一些孤立实例中才能观察到的过程。当然,这种情景难免具有游戏的性质。计算机里的情况虽然不是真实的——不合格的行政管理者不会使整个国家挨饿,而无能的市长也不会把一座城市毁了,但事实上,参加者对待"游戏"通常都是很认真的。无论如何,本书为我们提供了许多机会来考虑,对哪些结果应该认真,而有时却不必当真。例如,与实际的事件作严格的对比后产生的问题:我们是否该把一个参加者的提议——任何工人,当他的机器生产出次品时就把他枪毙——斥为恐怖笑话。

计算机模拟还能使我们观察和记录到那些通常隐藏着的规划、决策和估价过程的背景。用计算机模拟方法把这些过程的心理学决定因素孤立出来进行研究,比在真实世界中用回顾的方法进行研究更为容易。近年来,我和我的同事已经广泛地运用这些计算机游戏来研究由个体和群体正在解决着的问题。在本书里,我给出并解释我们的部分结果,以便说明影响人类规划和决策的种种心理学因素。

失败并不像突如其来的晴天霹雳,而是按照自己的逻辑逐渐发展的。在观察个体试图解决问题时,我们会发现复杂的情况似乎诱导出这样的思维习惯:它从一开始就埋下了失败的种子。从那时起,日渐复杂的任务和逐步增长的对失败的忧虑,促成了使失败变得更加可能乃至不可避免的各种决策方法。

但是,我们可以学习,人们招致的失败是可以预料的。本书的读者将发现许多诸如困惑、误会、眼光短浅等等的例子。他们也将发现这些失败的原因往往非常简单,无需采取某种革命性的新思维模式就可以消除。认识并理解了我们的这些倾向,解决问题将会方便得多。我们将更有能力明智地开始,中途及时进行修正,最重要的是,从未能避免的失败中吸取教训。我们只需用丰富的想象力去认识,并进而打破失败的逻辑。

第一章

若干事例

塔纳兰的悲惨命运

塔纳兰是西非的一个地区（见图1）。奥万嘎河流经塔纳兰中部,逐渐加宽而流入姆科瓦湖。拉姆市坐落于湖滨,果园、公园及森林环绕四周,市内及其周围居住着一个图皮族农业部落。塔纳兰地区的南北两边都是大草原,游牧的摩洛族人便居住在北边的小镇开瓦四周。

其实,塔纳兰并不是一个真实的地方,它只存在于计算机之中,由计算机来模拟其自然特征、人口状况和动物分布以及它们之间的相互依存关系。

我们给12位实验参加者的任务,是改善塔纳兰居民乃至整个地区的福利。参加者具有独裁权力,他们可以按自己的意志办事而不会遭到反对。他们可以制订狩猎章程,改良耕地和果园使其更加肥沃,建立灌溉系统,修筑水坝等。他们可以在整个地区实现电气化,并购置拖拉机实现机械化。他们可以实行计划生育,以及改善医疗保健条件。他们共有6次机会在自己所选择的时段进行安排,搜集信息,拟定措施,并作出决策。他们将用这6个"规划期"来决定塔纳兰地区10年期间的

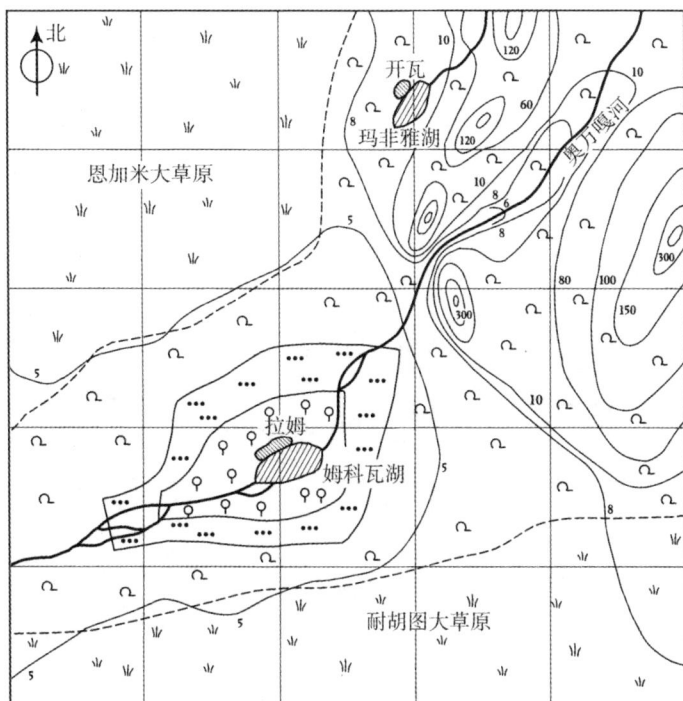

图1 塔纳兰地区概况

命运。在每一规划期,各参加者可以尽其所能地实行各种措施。在每一新的规划期,他们还可以总结以前各期成败的经验教训,从而取消或改进早期的决策。

图2显示了一个中等水平参加者管理10年(或120个月)后的结果。首先,我们看到图皮族(农业居民)的人口增加了,原因是食品供应改善了,医疗保健条件变好了。儿童数目增长,死亡人数减少,平均寿命因此延长。前3个规划期过后,多数参加者认为他们已经解决了塔纳兰的各种问题。然而,他们并未意识到自己的行为实际上无异于设定了一颗定时炸弹。在后来的日子里,当几乎不可避免的饥荒突然发生时,他们才冷不防被吓了一大跳。

对图2中这个中等水平的参加者来说,大约在第88个月时,发生了

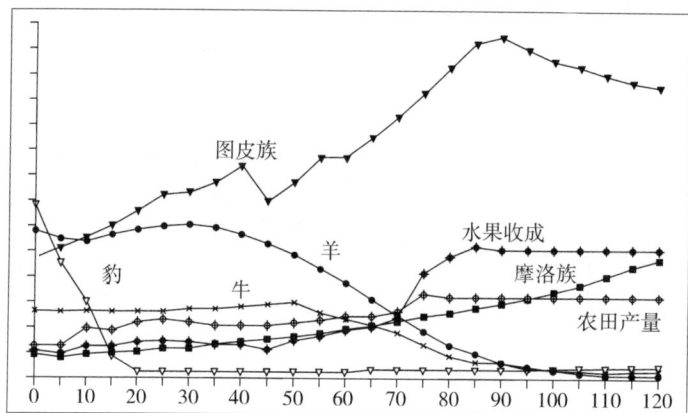

图2　塔纳兰实验中一个中等水平参加者所取得的结果

一次灾难性的不可逆转的饥荒。这次饥荒对仍处于较低发展水平的摩洛族牧民所造成的影响,远不如对图皮族所造成的影响那么严重,化肥生产和医疗设施赐予图皮人的好处遭受到全力袭击。旧模式重现:现存的问题(如本例中食品供应不足、医疗条件较差)得到了解决,但未考虑解决问题的过程将会造成长远影响,并产生新问题。

　　大灾难是不可避免的,因为食品供应的线性增长伴随着人口的指数增长。图3表示这两个因素的平行发展。由于化肥的使用和机械化后可以深翻土地,所以在开始阶段,食品明显供过于求。起初人口增长速度缓慢,但是很快便超过了食品供应。大灾难成为不可避免的结果。[1]

　　但是,事物的发展或许可以不同。图4所示另一个参加者所得到的结果告诉我们,使塔纳兰地区各种条件保持稳定是可能的。这个参加者(艰难地)实现了人口稳定,并实现了生活水平总体的改善。这些结果与上述那个中等水平参加者所得到的结果相去甚远,后者起初对塔纳兰施加了相当正面的影响,却由此引发了灾难性的负面效果。

　　成与败的原因何在? 这个"好的"参加者并不具备任何他人没有的

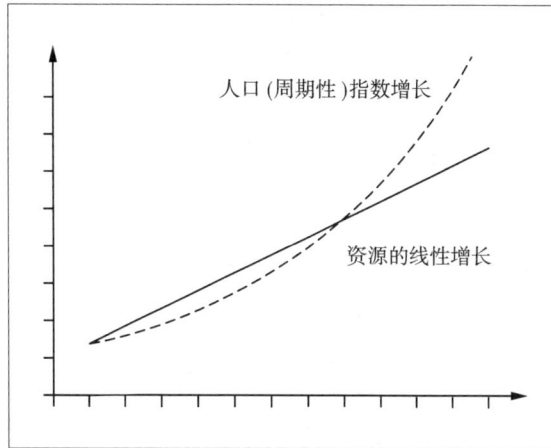

图3　大灾难陷阱:资源的线性增加和人口的指数增长

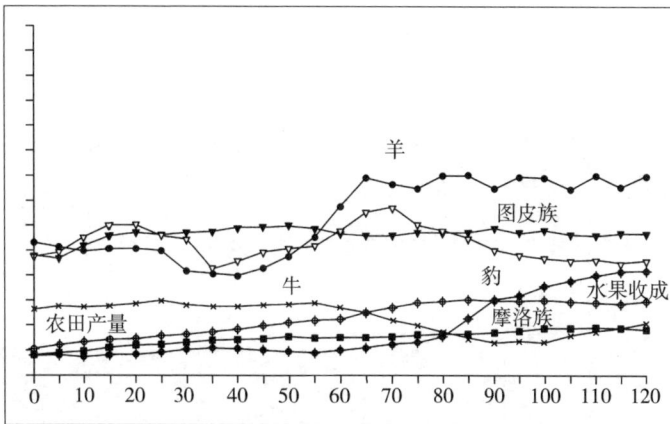

图4　塔纳兰实验中唯一成功的一位参加者所取得的结果

专业技术,塔纳兰地区也并未提出任何只有借助于专业知识才能解决的问题。应该说成败取决于一定的思维模式。在一个类似塔纳兰地区的系统中,我们不能只做一件事情。不管我们喜欢与否,我们所做的任何事情,都具有多重效应。

例如,塔纳兰的庄稼地和菜园收益如此之差的原因之一是田鼠和猴子吃了许多农作物。显而易见的解决办法是通过狩猎、设陷阱、下毒药,大量减少这些有害动物的数量。最初,消灭啮齿动物和猴子后,确实提高了农田和果园的产量。但是,小型哺乳动物的减少同时导致了它们赖以为食的昆虫的增加。而且,本地区食肉的大型猫科动物由于失去了小型哺乳动物作为捕食对象,只能以牛代之。于是,就出现这种可能:试图消除啮齿动物和猴子非但无用,反而有害。不能预计这类副作用和长期影响,是大多数参加者在塔纳兰实验中失败的一个原因。

当然,还有其他原因。图5比较了参加者从事3种活动的频率:作决策,反省总体形势和可能的行动方针,以及提出问题。在实验的6个时段,我们用这些分类对自言自语的参加者进行跟踪;插图表明这3种活动的相对频率随时间而变化。在第1规划期,定向活动——提问和反省——明显占优势,记录到的全部活动的约56%属于这两类,作决策约占30%,其他类别占剩下的14%。

但是,第1规划期后,图形发生了戏剧性的变化。与形势分析有关的活动变少了;而那些与决策有联系的活动稳步增加。6个规划期中,

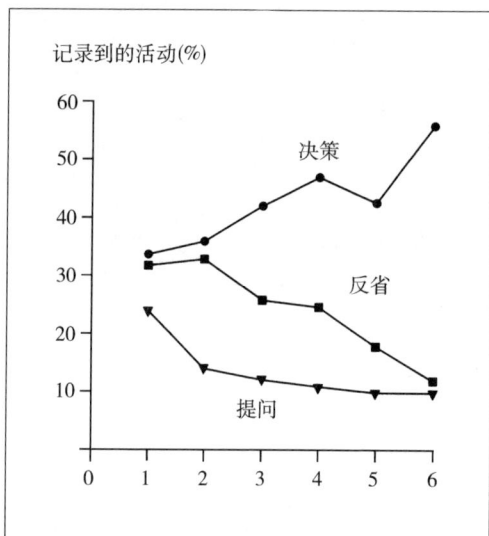

图5　决策、反省和提问:6个汇合点期间的发展

参加者们显然从犹豫的哲学家发展成为行动的男女。他们明显感到自己最初的质疑和反省，已绘出一幅足够准确的形势图，无须进一步修正，无论是收集额外信息，还是有分析地反省已取得的结果。他们错误地认为已经掌握了解决塔纳兰问题所需的知识。

对12名参加者在6个规划期的任一时段，如果用记录到的活动的平均数来度量，我们发现，规划期也在逐渐变短。在第1期，需要近50个符号描绘参加者的行为特征。在第3到第5期，平均仅30个符号就够了。在塔纳兰实验的最初一两个时段，参加者们建立了工作方法，此后没作大的改变。但是，他们最后的失败清楚地表明，多想少做或许是更好的选择。

如果我们要确定成败的原因，还有另一些因素值得注意。对某些参加者而言，他们所处情况下的各种问题要重新定义。这些人不曾有意识地这样做，结果问题慢慢找到了他们头上。一名参加者决定灌溉耐胡图草原的一大片地段。筑一条运河从奥万嘎河引水南下，进入耐胡图草原上由较小灌渠构成的扩展系统，给草原分配灌溉用水。这一工程需要金钱、材料和劳动力的巨大投资，而且不言而喻，处处都是困难。有时，材料不能按时到位；有时，计划的工作定额不能如期完成。结果是，参加者全神贯注于他的这一项得意之作。当实验指导者报告说，已经发生了大饥荒，许多拉姆居民营养不良，有的甚至已经饿死，而这位参加者的反应则是："是，是，但是现在耐胡图草原那条大运河建造得如何？"他决不会再分心去考虑饥荒问题。

你会说，这是一个孤立事件。但事实上，这真是一个孤立事件吗？这些与真实世界中相似的事件，在这里如此栩栩如生。对我们来说，似乎研究这类事情发生的条件至关重要。

一些参加者对重复的饥荒报告的反应显得玩世不恭。最初，报告唤起了关心，但在参加者试图解决问题却徒劳无功后，我们开始听到一些议论,像什么"他们必须勒紧裤腰带,为子孙后代而牺牲","人总是要死的","死去的多为年老体弱者,这对人口结构改善有好处"等等。

在游戏的情境(和电子模拟人口总数)中,我们当然可以将这些反应看作是不认真对待的俏皮话。但是,与前面所讲的一样,这些与现实对应的东西,对我们来说似乎也是很重要的:无能为力产生玩世不恭。

当一些参加者表现出无能为力的感觉,并期望摆脱整个混乱的状态时,另一些人却显然是在欣赏他们凌驾于塔纳兰之上的"权力",并津津有味地担任类似独裁者的角色。一名参加者像一位陆军元帅那样凝视着远方,命令50辆拖拉机去清除南边的森林。在想象中,他能看见拖拉机群向南挺进时尘土漫天飞扬的情景。

由于只有12名选手参与这一塔纳兰游戏,我们不能据此作任何推广,或把它视为一个真实的实验。但无论如何,游戏实验的确向我们展示了思维、价值观和感情在决策过程中相互作用的种种方式。而这反过来也使我们认清,必须将这些连锁因素作为一个整体来进行研究。游戏与实际情形的对应关系是明显的。如同在真实世界中那样,我们发现决策者

● 对形势不进行事前分析就行动;

● 不去预测各种副作用和长期影响;

● 假定如果不存在一目了然的负面效应,就意味着正确的措施已被采用;

● 过分地卷入"工程",使他们看不见显现出来的需要和形势的变化;

● 容易有玩世不恭的反应。

因为我们的游戏展示出与现实如此类同的关系,我们对于考察这些行为的潜在原因甚感兴趣。

格林韦尔不太悲惨的命运

格林韦尔市是一个约有3700个居民的小城镇,位于英格兰西北部的一个多山地区。格林韦尔的主要企业是一家市办手表厂,当然市里也还有一些别的营业部门——零售商店、银行、诊所、饭馆等。

格林韦尔和塔纳兰一样,也不是真实的。我们用计算机模拟这个假想小城镇的主要特征,从而建立一个模型帮助我们研究不同参加者的思维和规划过程。但是,这一次我们有一个较大的规模,随着时间的推移,我们让48位不同的人担任格林韦尔市市长。

我们再一次——不切实际地——假定,参加者大体可以执行10年独裁统治。在此期间,不管格林韦尔市市民对市长如何不满,都没有机会投票赶他下台。而且,因为这个地区的主要雇用者(手表厂)是市属的,市长可以用这些权力对本市的经济命运施加巨大影响。市长还被允许设计该城生活的其他方面,如税收结构,其活动能量远远大于任何真实的市长。简言之,像在塔纳兰那样,参加者比真实社会中的任何人都具有大得多的自由和可能来控制、影响各种事件。我们也许认为这可以为成功建立起理想的基础,但是这并非我们给予参加者如此广泛权力的原因。我们的目的在于,由这些参加者导出尽可能多的行为模式。解除真实社会的约束条件后,我们希望看到:当人们完全自由地去干他们想干的事时,他们如何思考、如何行动。

那么,在格林韦尔究竟发生了什么情况?参加者中有些人做得很好,另一些则表现欠佳。图6是两位参加者查尔斯(Charles)和马克(Mark)取得的结果。图中粗略地表示出5个重要变量在实验的10年(或120月)间所发生的变化。因为这里特定的数据不是我们所关心的,所以我们省去了纵轴上的数值。当然,这些数值对两个参加者是相

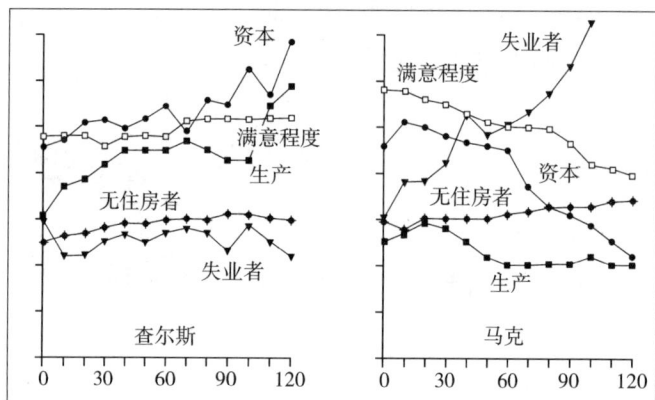

图6 格林韦尔实验中好参加者(查尔斯)和坏参加者(马克)所对应的5个关键性变量的演变

同的。

格林韦尔市民完全有理由对查尔斯市长的管理感到满意。直到实验结束,市里的收入如同市属手表厂的生产,一直稳步增长。失业从未超过零线很多。开始阶段,无住房者的人数略有增加,但后来又下降了,所以这里完全不存在危机。(住房建设和出租业完全由市政府控制,所以也是市长的责任。)根据这些结果,市民对查尔斯市长行政管理的满意程度稳定地增长。[2]

格林韦尔市民有更多的理由对马克市长表示不满。在他的管理下,市里的收入不断下降。失业人数逐年增加,于9年后在图中攀高。无住房人数剧增,而手表厂的生产猛跌。因此,格林韦尔的市民自然不满意马克市长的管理。

查尔斯和马克是"好"参加者和"坏"参加者的典型。我们发现在参加者中,这两类人数大体相等,当然还有其他人介于两者之间。但是,这里最令我们感兴趣的不是成功或失败,而是隐藏于结果背后的心理学,是思维、决策、规划和假设的种种特征——简言之,是参加者认知过程的概况。如果把格林韦尔实验中做得好的人和差的人的思维模式进行比较,我们发现,查尔斯们和马克们存在非常明显的差别。

第一种显著的差别是好参加者比坏参加者作出更多的决策。在8个时段过程中,所有参加者都作出了自己的决策。图7表明所有参加者在前4个时段决策的数目都是增加的,但好参加者决策的数目明显多于坏参加者。在余下的4个时段中,两组人之间的差别变得相当可观,好参加者继续作出越来越多的决策,而坏参加者的决策数目却开始减少。好参加者以某种方式找到了更多的机会影响格林韦尔的命运。

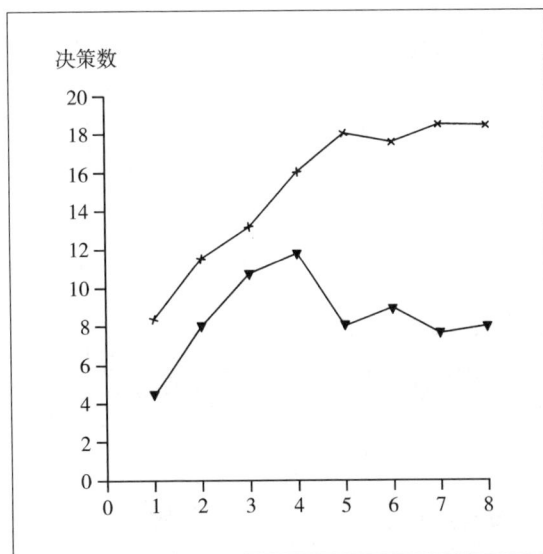

图7 好参加者(+-+-+)和坏参加者(▼-▼-▼)每一时段平均决策数

但是,参加者之间的差别并不仅仅在于决策数目的多寡。一个像格林韦尔那样的小城镇是一个由连锁的经济、社会形态和政治成分所组成的复杂系统。于是——像在塔纳兰那样——不可能只做一件事情。一个领域的任何行动都要在别的方面产生影响。例如,对某一片居民提高纳税标准,不可能只有单一的增加税收的预期结果。这一举措疏远了受到影响的人群,他们可能迁往税收负担较轻的某些地方。

而这种增税措施的效果更可能是收入减少而不是增加。可见,明智的做法是要牢记复杂系统的这一个方面,不仅要考虑任何特定措施的主要目标,也要考虑它对系统其他部分可能产生的影响。

　　如图8所示,好参加者比坏参加者对这一点有更为深刻的理解。跟踪意向、目的、目标相对于各个决策的比率,我们发现,好参加者为实现每一目标都明显地作出了更多的决策。(例如,某参加者试图实现增加税收的目标,决定增加格林韦尔现有的就业机会的数目;或者,他可能为实现同一目标采取几种措施——增加就业数目,投资产品开发,做广告。第一种情况下,每一个目标我们有一项决策;第二种情况下,每一个目标我们有3项决策。)好参加者事情做得"比较复杂",他们的决策考虑到整个系统的各个方面,而不仅仅是一个方面。这显然是处理复杂系统时更为适当的行为。

　　好参加者与坏参加者之间的区别还在于他们决策的焦点不同。在图9中我们看到,坏参加者起初的许多决策都致力于格林韦尔的娱乐设施,只是到后来才逐渐集中到一些真正重要的问题上,诸如手表厂的

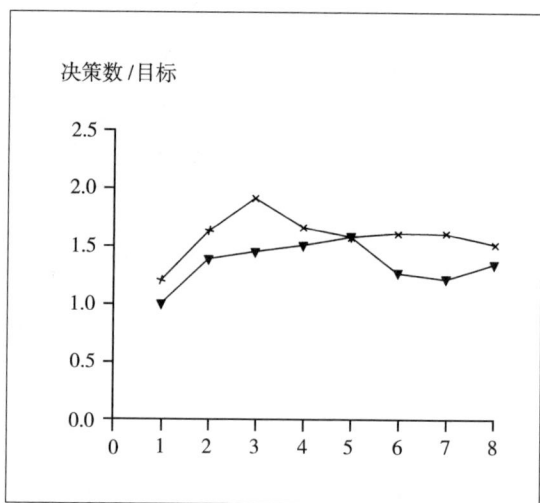

图8　好参加者(+-+-+)和坏参加者(▼-▼-▼)对每个目标的平均决策数

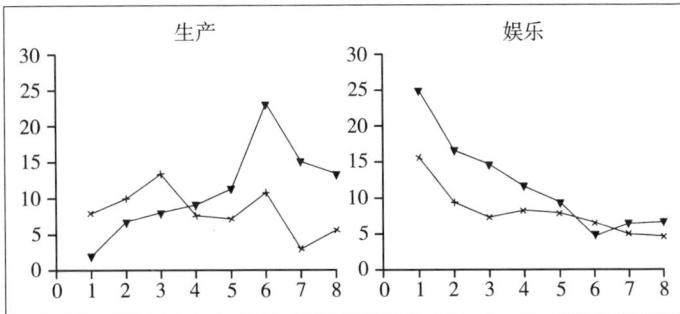

图9 好参加者(+-+-+)和坏参加者(▼-▼-▼)对"生产"和"娱乐"投入的努力

生产、销售以及市政金融等。相反,好参加者很早就认识到哪里是格林韦尔的实际问题所在,并首先加以解决。

如果仔细注意一下思维过程——以及由于参加者自言自语从而使我们能够注意到的时刻——我们发现,在处理格林韦尔问题中成功和不太成功的参加者之间还有其他差别。好参加者和坏参加者对格林韦尔各变量之间的相互关系,各自提出了种种假说,两者所提假说的频率没有什么(至少没有什么统计显著性的)不同。例如,就增税问题会有什么影响,或者吸引客户到格林韦尔旅游的一场广告战会有什么影响,两者同样频繁地提出了多种假说。但是,好参加者与坏参加者之间的区别在于他们是否经常检验自己的假说。坏参加者没有这样做。对他们来说,提出一个假说的目的是用以理解事实;检验那个假说则没有必要。他们不是提出假说,而是给出"真理"。

另外,好参加者提出更多的是**为什么**一类的问题(与**什么**一类的问题相反)。他们更为感兴趣的是隐藏于事件之后的各种因果联系,是构成格林韦尔的因果联系网。相比之下,坏参加者倾向于只看事件的表面含义并认为它们互相没有联系。与之有关的一个发现是,好参加者分析问题比坏参加者挖掘得更深。若有报告说格林韦尔有许多青年人失业,坏参加者的反应可能是:"太可怕了! 这对青年人的自尊心定会有一种负面影响。一定要采取措施！青年服务部主任应该发布一个报告。"而好参加者的反应更可能是:"是这样吗？有多少人失去了工作？为什么他们不到别的社区去培训？在各个企业有多少可以进人的名额？青年人如今有什么样的职业目标和兴趣？男女青年有所不同吗?"

有了这些结果，我们也就不再奇怪，为什么那些被证明是坏市长的参加者在实验的各个阶段更多地改变所讨论的主题。坏参加者往往从一个主题跳到另一个主题,无疑是因为试图解决某一已知问题时,碰到如此多的困难,迫使他们弃旧图新。这种"地上打滑就溜掉"的转变是这类行为的典型特征。[3]例如,正在解决格林韦尔青年失业问题的一位参加者突然产生了一种想法,觉得市政管理部门有可能提供培训的职位。但是接着他想起曾听说有人抱怨市注册办公室发放新护照特别慢的问题。转眼间,他被发放护照的程序所吸引,而青年人的失业问题早就被忘得一干二净。

坏参加者还有一个行为特征是高度的"权宜主义"。即使改变主题不是由他们自己发起的,他们也总是太容易被分散注意力。一份关于市体育俱乐部缺少体操设备的偶然报告,会中止对一个难题的讨论,大家不再继续研究如何增加手表厂产品的销量问题,而代之以调查市体育馆有多少单杠和双杠。

这种不稳定性在一定的可测量的行为特征中显示出来。图10表示好参加者和坏参加者各自的创新指数和稳定性指数。创新指数表示一个时段中所作的决策相对于上一时段决策的偏离程度。如果一个参加者的决策与他在上一时段的决策完全不同,他的创新指数就高,即使他与以前关注的是同一组问题也无妨。如果他的决策与较早的决策类似,那么他的创新指数就低。如果在一个已知的时段,一个参加者前后一致地施行同一范围的问题,那么他的稳定性指数就高。而如果他转向完全不同的另一组问题,他的稳定性指数就低。

创新指数和稳定性指数不是简单的相互倒转关系。如果一个参加者在一已知时段,像前一时段一样处理相同范围的问题,而同时他又对其他问题作出大量新的决策,那么创新指数和稳定性指数就可以同时都是高值。

图10中,好参加者与坏参加者相比,前者的创新指数一般较低而稳定性指数较高。这表明好参加者把他们的能量集中努力于**正确**领域(否则他们不会成功),而且随着时间推移**继续**集中于这些领域。

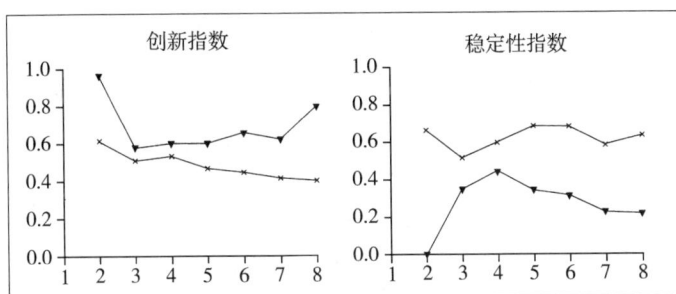

图10　好参加者(+-+-+)和坏参加者(▼-▼-▼)的创新指数和稳定性指数

我们除了发现有的人是无目的地将注意力由一个领域转向另一个领域外,还发现坏参加者中间有一种正好相反的行为——全神贯注于一个项目而不顾及其余。有一个参加者辛苦地计算格林韦尔一个老市民走到一个电话亭的平均距离。他算出来的精确数据为设置新的电话亭提供根据。被这样一个工程占用了时间,他无暇再去做别的事情了。当然,他对于老年人社会综合事务的兴趣是值得称赞的,也证明参加者对社会人道主义的推动作用。(否则,它还能证明什么?)

好参加者和坏参加者的区别,还在于各个时段他们自组织的程度。好参加者经常反省自己的行为,自我批评,并努力改正之;而坏参加者却仅仅概括一下自己的行为。好参加者还更大程度地组织自己的行为。他们的自言自语更为经常地花在排序上面,像"首先我必须处理

A,然后处理B,但是我不应该忘记还要想到C"。

像塔纳兰实验一样,这里也值得指出,成功和不成功的参加者之间的区别决非只限于他们的思维和规划过程不同。面对难以处理的问题,坏参加者常常倾向于责备他人或者推卸责任。当他们看到别无出路的时候,他们的最后一招常常是说:"汤姆(Tom)或者迪克(Dick)或者哈里(Harry)应该关心这个问题。"这是一个常人的诡计;我们每天都能看到人们使用此法,但是它有潜在的严重后果。如果此刻出什么事儿了,我们不再负责而是把责任推给他人,那么,我们肯定仍然不知道决策失误的真正原因,即计划不充分和不能预测后果的真正原因。

显示格林韦尔市的坏市长失败的这幅图,是一张合成图。决不是所有的参加者都有这些失败。的确,我们的参加者——特别是那些坏参加者——的行为差距很大。有些人特别容易将注意力由一个领域转到另一个领域;另一些则只是缺乏能力将手头的问题挖得足够深。有些参加者停留在问题的表面无助地挣扎;而另一些把自己套在一些狭窄的、特殊的问题中。

参加者的行为是由哪些因素造成的呢? 通常的一系列心理学测验对预测参加者的行为是无用的。我们认为,"智力"将确定像这样复杂情况中的行为,因为复杂的规划过程——阐明并作出决策——大概对心理学传统上标注的"智力"提出了要求。但是在智商测验得分和格林韦尔实验或任意其他解决复杂问题实验中的表现之间,不存在显著的相关性。[4]

对于不确定性的承受能力似乎与参加者的行为之间有着某种关系。当某人简单地躲开难题或者委托他人"解决"这些难题时,当某人极易被新的信息分散注意力,而放弃此刻正在处理的问题时,当某人解决了他**能够**解决而不是**应该**解决的某些问题时,当某人不愿意反省他的行为时,那么在这样的行为中,我们很难不看到人们拒绝承认自己的软弱和无能,而且倾向于在确定性和安全性之中寻求庇护场所。

塔纳兰的切尔诺贝利

到目前为止,我们一直在考察游戏。我们分析了有些人如何在有些熟悉又有些陌生的计算机世界找到出路。当然,现在提出的问题是这种游戏结果对现实世界有何意义。在假想为格林韦尔市市长或者塔纳兰开发独裁者的角色时,这些游戏参加者的行为与他们在实际情况下的行为有什么关系?他们几乎不可能有朝一日(有幸)成为市长或独裁者。参加者在对他们来说是异国他乡的条件下所表现出来的行为模式,是否反映出**普遍**的行为倾向,就是说,当我们把人们置于以不确定、复杂性和不明朗为特征的环境中时,总可以发现这些行为倾向吗?或者,这些行为模式是否条件独特,完全是一个我们强加于参加者的外星函数?这里,我将只讲一个例子,其优越性是它发生在现实世界中而不是计算机程序中。

1986年4月26日,乌克兰切尔诺贝利原子能发电厂的4号反应堆爆炸了,炸毁了(数千吨重的)混凝土屋顶,放射性粒子污染了周围甚至整个欧洲领土,激化了人们关于原子能利弊的讨论,关于西方和东方反应堆技术的讨论,以及关于这类灾难是否会再次发生的讨论。这些问题的确属于最为重要的,但是这里我想考虑切尔诺贝利大灾难的直接原因,因为心理因素完全可以对其进行解释。这不是由于更成熟或不够成熟的技术造成的差别,而是——别无他说——人的失败。

切尔诺贝利怎么了?这里我不去详细追述灾难的过程,而仅仅集中在一些关键的方面,用以强调它所包含的重要的心理因素。[5]

在切尔诺贝利反应堆,中心的核反应由211根控制棒来调节。要减弱反应,就插入一些控制棒;要加剧反应,就抽出一些。为安全起见,至少有15根控制棒始终插在反应堆中心。切尔诺贝利反应堆的中心由重达1800吨的石墨块组成,1600多条通道横切石墨芯,供核燃料棒和水从中通过。核燃料棒产生大量的热,而水则吸收热量,从而冷却石墨芯(冷却也减弱反应)。如果热量没有被吸收,中心温度会迅速升高到数千摄氏度,引起爆炸或被称为熔化的核反应失控,此时放射性物质完全熔化金属和混凝土并进入大地。如果水吸收了热量,就会沸腾变为蒸汽。蒸汽由管道输送去推动汽轮机发电,它是反应堆的主要产品。蒸汽通过汽轮机后,又冷却成水,并再一次开始整个循环。只要系统被关闭,辐射就被遏制。除了这一主要循环系统之外,还有一个紧急冷却系统。

发生事故时,反应堆恰逢年度维修检查。维修前,工程师们想做一项实验以帮助他们改进一种安全系统。计划整套实验要在五一节放假前完成。因此,1986年4月25日星期五下午1:00,工程师们开始减小反应堆的功率,打算降到机容量的25%,实验将要在这一运行水平上进行。1小时后,下午2:00,紧急冷却系统被关闭。这样做大概是为了防止在实验期间有人不当心踢到系统。但是,也是在下午2:00,基辅的调度员请求不要拿走反应堆的栅格,因为他们面临一个意外的供电需求。当晚11:10之后,才把栅格取出反应堆。工程师们开始把反应堆降低到25%的容量,以便能够进行既定的一系列测试。

但是,实际上反应堆不是降低到所要求的25%的容量,当夜12:30已降至1%。操作员已经关掉自动控制,而改用手动控制,努力使指针达到25%的读数,但是,他没有给反应堆的自身衰减行为以足够的余量,所以,最终反应堆降低到1%而不是25%的容量。

这种"过度转向"倾向是人与动力系统相互作用的特征。我们使自己不被系统中的发展所左右,也就是说,指导我们的不是相继各阶段之间的时间**微分**,而是每一阶段的**状态**。我们调节**状态**而不是**过程**,其结果是系统固有的行为与我们驾驭它的尝试相结合,使得指针超出了所要求的读数。(在第五章"时间序列"里,我们还要遇到这一类例子。)

一个切尔诺贝利型的反应堆,低容量运行是危险的。在较低容量的范围,反应堆运作不均匀,就像柴油发动机空转时会出现的情形那样。反应堆运行不稳定,其结果是核裂变异常,可能发生局部的爆破反应,而这是危险的,因为它可以触发整个反应堆发生突然性的核裂变。操作员完全了解这些危险,因此严格禁止反应堆在20%容量以下运行。

所以,当时操作员集中提高反应堆的容量,使其脱离不稳定的危险带。半个小时后,他们使之达到了7%,但这仅仅是通过从中心抽出大量控制棒的办法达到的。接着,他们决定继续实验。这可能是他们最为严重的错误。这一时刻之后,过程不再能被中断了。在7%开机容量下继续实验的决定意味着,所有后来的活动都将在反应堆处于最不稳定的状态区间发生。操作员显然错误判断了反应堆的工作状态。为什么?有人提醒过他们,他们是应该知道不稳定会带来危险的。操作人员决定继续测试,更可能是由于其他一些原因。原因之一可能是他们感受到的时间压力。他们想尽快完成这项测试计划,这是莫斯科电气工程师们要求的。他们感到一开始就遇上了麻烦,基辅方面让他们保留栅格的要求已经使实验耽误了近10个小时。别的原因或许是,虽然操作员在"理论上"可能对反应堆不稳定性的危险了解颇多,但他们不能具体地设想这种危险。理论上的认识和实践中的认识不是一回事。

违反安全规程的另一个原因可能是操作员过去已屡有所犯。但是,正如学习理论告诉我们的,违反安全规程通常是积少成多的,就是说它要算总账。其直接后果仅仅是违章者摆脱了规章的束缚,行动更加自由。安全规程的设计,往往不会使违章者立即被炸上天、受伤或以任何其他方式受到危害,他们反而会觉得日子更好过了一些。这恰恰引导人们走向这条享乐之路。违反安全规程的实际后果,加强了我们违章的倾向,导致发生灾难的可能性增加。而一次灾难真正发生的时候,安全规程的违章者将来可能不会再有机会改正其行为。

忽视安全规程决非仅限于切尔诺贝利、三英里岛、比布利斯等核电厂的操作人员。在化学公司工作的工业心理学家和研究工场事故的研究人员报告说,违反安全规程完全是司空见惯的。用回报的观点看,这种现象不足为怪。

让我们再回到切尔诺贝利。凌晨1:03,当反应堆达到7%容量不久,操作员根据实验程序打开了最后2台水泵。现在主循环系统中的8台水泵全都工作起来了,产生了较强的水流和较大的制冷作用。但是操作员所没有考虑到的是,这一附加的制冷效果将激发一种自动机制,许多控制反应堆核裂变速度的石墨棒被抽出。这样,系统对于过度制冷的反应是,自动松开它的"刹车"。操作员显然没有注意到这一副作用,只是全神贯注完成测试计划,对此毫无顾及。

开启所有8台水泵的另一后果是蒸汽压强降低。很明显,如果加快把水泵入一个热力系统,那么水就不会像以前那样快地变热了,结果蒸汽的产量相对减少,蒸汽的绝对产量也可能降低,那时正是这种情形。但是,因为做实验需要蒸汽轮机,操作员便试图用3倍的水流来弥补降低了的蒸汽产量。但这样做非但没有达到期望的结果,反而更降低了蒸汽压强。简言之,产生的效果与预期的正好相反。此外,中心的核裂变反应也降了下来。操作员的反应是移走更多的控制棒。

凌晨1:22,领班发现蒸汽量达到要求,便突然减小了水流。这样一来,水到达反应堆中心将会马上变暖;蒸汽产量会继续增加(核反应也加速)。领班要求报告反应堆里保留的控制棒数目,发现只剩下6—8根,远远少于规定的安全标准。

如果你以为他要求报告控制棒数目说明他知道了危险,那就错了。仅仅在爆炸前2分钟,领班还是决定继续实验。事实上,他现在是不带刹车地操纵着一个反应堆。

凌晨1:23,操作员关闭了通往其中一个涡轮机的蒸汽管,这是实验环境中必要的一步,但后果是蒸汽压强继续提高(核反应也加速)。1分钟后,操作员试图施行某种紧急制动。他们终于发现有一点不对劲。他们企图把控制棒强行推进反应堆。但这已经不可能了,因为反应堆里生成的热量已把插控制棒的管子烧弯了。那一刻,发生了两次爆炸。接下去的事大家都知道了。

从中发现什么样的心理学?我们发现一种倾向:在时间压力下,超负荷去实施已确定的措施。我们发现不能用因果关系的非线性网络,而要用因果关系链进行思维——就是说,不能恰当地评价某人行为的副作用和影响。我们发现不适当理解指数发展关系,不能看到一个指数发展的过程一旦开始,便用难以置信的速度达到其终点。所有这些都是认识能力的错误。

乌克兰反应堆的操作员队伍是一个由很受尊敬的专家组成的有经验的工作组,他们因反应堆长时间不间断给电网供电而刚刚获奖。该工作组非常自信,这无疑是事故的一个肇因。他们不再是有分析地而是凭"直觉"操纵反应堆。他们认为自己知道在干什么,也许还认为自己不受那些"可笑的"安全规程约束,那只是为反应堆操作新手拟定的,而不是为有经验的专业人员队伍而设立的。

一个专家小组相互加强信念,坚信自己所做的一切都是正确的倾向,在小组内施压压制自我批评的倾向——这就是贾尼斯(Irving Janis)所定义的在政治决策者中出现的危险的"群体思维",猪湾入侵事件发生前肯尼迪(Kennedy)的顾问们就深受这一思维的影响。[6]

另外,违反安全规程在这里绝非是第一次"例外"。过去已是如此——如果说不是按照本次事故的顺序的话——幸而没有引起严重后果。这已成为一种确定的日常工作中的确定习惯。操作员以这种方式行事,因为这正是他们过去一贯的行事方式。

提起人类的失败时,我们常常联系切尔诺贝利灾难和其他大灾难或千钧一发的事件。**失败**一词有多种含义,对切尔诺贝利4号反应堆工作组来说,当反应堆爆炸时他们确实失败了。但是,如果把失败看作某人没有完成他分内的任务,如果考察最终酿成切尔诺贝利事故行为的各个部分,那么我们找不出失败的单一例子。没有人本该醒着而去睡觉,没有人漏掉他该看到的信号,没有人偶然错扳了一个开关。操作员自觉做了该做的每一件事,而且深信自己的行动无误。当然,他们确实忽视了安全规程。但是这样做的时候,他们没有漏掉任何事,也没有意外地做任何事。更准确地说,他们认为对于一个有经验的工作组而言,设计的安全规程要求过分严格。这种信念无例外地适用于各种原子能反应堆的操作员。任何一个不按常规办事的工人,每一个拒绝安全带的汽车司机,都因同样的悦人的错觉而吃苦头。

在切尔诺贝利核电站操作员的行为中,我们发现许多特点是塔纳兰和格林韦尔实验参加者所共有的:难以控制时间,难以评估指数发展过程及难以估定副作用和长期影响,就是说,根据孤立的因果关系进行思维的倾向。与塔纳兰和格林韦尔实验结果所呈现出的背景相反,切尔诺贝利操作员的行为似乎很容易理解。这些一流原子能发电厂的操作专家,将最终成为塔纳兰或格林韦尔实验的寻常参加者。

第二章

要　求

　　塔纳兰、格林韦尔、切尔诺贝利——当超越独有的特殊性看问题时,我们发现它们有许多共性。它们都是复杂系统,其复杂性来源于许多相关变量;都是"不透明的",至少部分不透明:不是一目了然。还有,都不受外界控制,而是根据自身的内部动态特征发展。另外,我们所看到的试图在这些系统中解决问题的人——实验参加者或反应堆操作员——并不完全了解这些系统;他们确实对这些系统做了一些错误的假定。

　　我们在这里所发现的若干特征——复杂性、不透明性、内部动态,以及对系统不完全或不正确的了解——是所有错综复杂情况的基本特征,在这些情况下,要求人们小心规划,谨慎行事,这些特征对决策者提出了许多特殊要求。本章我们将考查这些要求。但首先来比较仔细地考察一下每一种特征。

复　杂　性

　　到目前为止,我们考虑的所有例子都包括了具有许多特征的各种情况。牛数量、稷谷产量、婴儿死亡率、老年人口、新生儿数目……这些要素表现了塔纳兰各种事务一种特定的状态,其总数显然是很大的。格林韦尔和切尔诺贝利也同样如此。对这些系统的准确描述,首先从城市居民的数量,或反应堆中控制棒的数目入手最为合适。

要想有效地解决塔纳兰、格林韦尔、切尔诺贝利或其他任何地方的问题,我们不仅必须牢记许多特征,而且必须牢记它们之间的影响。**复杂性**是我们给予某特定系统存在的许多相互依赖的变量的别称。变量越多,它们的相互依赖关系越强,那么系统的复杂性就越高。高度复杂性对于规划者收集信息、综合结果和设计有效行动的能力提出了很高的要求。变量之间的关联迫使我们要同时注意大量的特征,伴随而来的是我们不可能在一个复杂系统中只采取一种行动。很明显,塔纳兰的地下水供应影响稷谷作物的收成,而专供种植稷谷的地域也影响土壤中保留的降水总量。格林韦尔手表厂现有的培训职位的数量影响青少年犯罪问题,青少年犯罪问题反过来又影响格林韦尔整体生活质量,整体生活质量反过来又影响到迁入迁出格林韦尔的人口数量。

如果一个影响系统某一部分的行为,也将总是影响系统的其他部分,那么这个变量系统是"相关"系统。相关性保证以一个变量为目标的行动将有副作用和长期影响。而变量很多伸人们容易忽视这些副作用和长期影响。

我们可能以为,复杂性可以被看作是系统的一种客观属性。我们甚至会认为能赋予它一个数值,例如,使它等于特征数和相互关系数的乘积。如果一个系统有10个变量和5对变量间的关联,用这种方式测量,其"复杂性商数"将是50。如果没有任何关联,其复杂性商数将是0。测量一个系统的复杂性,实际上已有多种这样的尝试。[1]但是难以取得满意的量度,因为复杂性的测量不仅应该考虑变量间的关联,还应该考虑各变量的性质。于是,无论如何,假定复杂性作为一种单一的概念,是容易(这里至少对于我们的目的)使人误解的。

复杂性不是一个客观因素,而是主观因素。以每天驾驶汽车的活动为例,对于一个初学者来说,驾车是一件复杂的事儿。他必须同时照顾到许多变量,这使得在繁忙的城市驾车对他来说成为一次令人毛骨悚然的经历。另一方面,对于一个富有经验的司机来说,这种情况根本不在话下。两人之间主要的区别在于,有经验的司机对许多"超信号"作出反应。对他来说,交通状况不是由大批必须进行个别解释的元素所组成的,而是一个"格式塔"。正像一张熟人的脸,不是许多轮廓线、表面和颜色变化,而是一副"面容"。

超信号减少复杂性,使许多特征合为一体。因此,复杂性必须根据某个特定个体和他或她提供的超信号来理解。我们从经验中学习超信号,我们提供的超信号可能与另外一个人提供的有很大区别。因此,复杂性可能不存在什么客观量度标准。

动态特性

塔纳兰、格林韦尔和切尔诺贝利都是动态系统。它们不像下棋那样,简单地等候棋手走棋。它们自己走动,而不管棋手考虑它们的走动与否。现实不是被动的——在某种程度上——是主动的,这一事实产生时间压力。我们在行动之前不能永远等待,也不能在我们收集信息和规划过程中成为至善主义者。我们必须经常设法用试验性的解决方案应付,因为时间压力迫使我们在收集完备信息或勾画出一个全面计划之前就行动起来。

系统所固有的动态特征使认识发展趋势成为很重要的问题。我们不能满足于观测和分析任意单一时刻的情况,而必须设法确定整个系统将随着时间的推移走向何方。对许多人来说,这确实是一个极端困难的任务。

不透明性

我们的实验参加者和切尔诺贝利操作员所面对的情况的另一个特征,是不透明性。我们真正要看的东西,可能看不见。切尔诺贝利反应堆的操作员看不见反应堆里实际上还有多少控制棒。格林韦尔市市长看不见不同居民区的满意程度。塔纳兰的开发部长看不见当前地下水的供应情况。规划者和决策者不能直接获取或根本不能获取他们必须考虑的情况的信息。他们不得不,可以说是,透过毛玻璃看东西。他们必须作出影响某一系统的决策,但只能部分地,不清楚地,在模糊的有阴影的轮廓里,看见该系统的一些瞬息间的特征,或者可能是什么也看不见。这样,不透明性给规划和决策过程填进了另一个不确定性因素。

无知和错误假定

如果要在一个复杂的动态系统中运作,我们不仅必须知道系统当前的状态是什么,而且必须知道它将来的状态是什么,或者可能会是什么,还必须知道我们所采取的某些行动将如何影响今后的情况。为此,我们需要"结构知识"——系统中的变量如何相关、如何相互影响的知识。理想情况下,这一信息将以数学函数的形式给出,可是我们可能不得不凑合着用如下模糊的公式表达:"如果X增加,那么Y将减少;如果X减少,那么Y将增加。"("如果失业增加,那么受影响的家庭,用于非日常必需品的开销将会减少。")

在个人头脑中,有关简单关联或复杂关联的假定,有关变量间单向影响或相互影响的假定,其总体构成我们所说的个体的"现实模型"。现实模型可以是显式的,对个体它总是以有意识的形式存在;它也可以是隐式的,使个体本人不知道他在按照某一套假定办事,而且不能说清那些假定究竟是什么。隐式知识很普遍,我们通常称之为"直觉",我们把某人有直觉说成是:"他对这些事物有一种感觉。"

隐式知识的一个很好的例子是它能使一个音乐爱好者说,"我没听过这一段,但我知道它是莫扎特(Mozart)的作品。"她不能准确说出她根据什么识别出这段音乐是莫扎特的。她能说的只是"它听起来就像是莫扎特的"。另一个例子是,我曾认识一位医生,他能很有把握地诊断某种病,但是不知道他是如何做的(或更准确地说,不能**说清楚**他是如何做的,因为他清楚地知道如何做)。研究指出,不知道是什么机制,但这位医生是根据病人下腹部的形状,肌肉系统的某种收缩模式的反应而作出诊断的。专家常常在他们特定专业中显示出这种直觉。

因此,隐式知识可能很有用。相反,显式知识虽然可以描述出来,但不能总是起作用。例如,一个人可能有理论知识,然而不会在实践中付诸实施。

个体的现实模型可以是正确的或错误的,可以是完全的或不完全的。通常它既错误又不完全,牢记这种可能性是有益处的,但是说起来容易做起来难。当人们错了或由于不确定而困惑时,最倾向于坚持自己是正确的。(甚至可能发生这样的情况,人们宁愿偏爱自己错误的假定而不愿接受正确的东西,宁愿竭尽全力斗争而不愿放弃确属错误的思想。)能够承认无知或错误假定,的确是智慧的一种象征,但在这拥挤的复杂的环境里大多数人不是,或者还不够明智。

人们期望安全性。这是心理学的(一半)真理之一(因为人们有时也期望不安全性)。而这种期望妨碍他们完全接受这样的可能性,即他们的假定可能是错误的或不完全的。根据格林韦尔实验,我们认为,能够识别出不完全的、错误的信息和假定的能力,是解决复杂情况的重要条件。但是,这种能力好像不是天生的,所以我们必须学会培养这样的能力。

如果我们要把这一章转换成一幅可视图像,我们可以把一个复杂情况的决策者比作一位国际象棋手,他的棋比标准棋的棋子多得多,比方说有几打。而且,所有这些棋子都是用橡皮筋连接在一起的,所以棋手不能只走一步。除此之外,他的棋子和他对手的棋子可以自己走,而走棋的规则他并不完全了解,或者他对规则有错误的假定。最后,棋要下完的时候,他自己的和他对手的一些棋子被一层烟雾所笼罩,模糊难辨。

规划和行动的步骤

识别出复杂情况的一般特性,我们可以考察应付这些情况的准则,因为我们要准备回答两个重要问题:评估一个复杂问题,我们必须做些什么特定的事情? 解决这些问题对我们有什么要求?

我们知道,尽管有时候仅仅占有粗略的信息,我们也必须找到一种途径密切注视各种复杂的相互关系的动向并推论各种发展趋势。此外,我们必须确定要达到什么目标,如何达到。随后,我们必须判断成功与否。这里要集中讨论的问题是,把这样深思熟虑的各个步骤离析出来,以便研究人们如何想、如何做。图11给出一种可能的图解,表示解决问题的整个过程。

确定目标是处理复杂问题的第一步,因为并不是在每一种情况下我们对真正需要达到的目标是什么都一目了然。如果任务是提高一个城郊的生活质量,我们应该首先提问,"更高的生活质量"是什么意思。是指与市区的交通运输连接更好? 是有更好的娱乐设施? 更好的商店? 更好的学校? 居民间有更多的接触?"更高的生活质量"这一概念可能包括所有这些甚至更多。因此,这种情况下目标是不明显的,唯一

```
┌─────────────────────┐
│      明确目标          │◄──────────┐
└─────────┬───────────┘           │
          │                       │
          ▼                       │
┌─────────────────────┐           │
│   建立模型和收集信息      │◄────────┤
└─────────┬───────────┘           │
          │                       │
          ▼                       │
┌─────────────────────┐           │
│     预测和外推          │◄────────┤
└─────────┬───────────┘           │
          │                       │
          ▼                       │
┌─────────────────────┐           │
│      行动的规划         │◄────────┤
│    决策和行动的执行       │           │
└─────────┬───────────┘           │
          │                       │
          ▼                       │
┌─────────────────────┐           │
│   审查行动效果和修订策略     │──────────┘
└─────────────────────┘
```

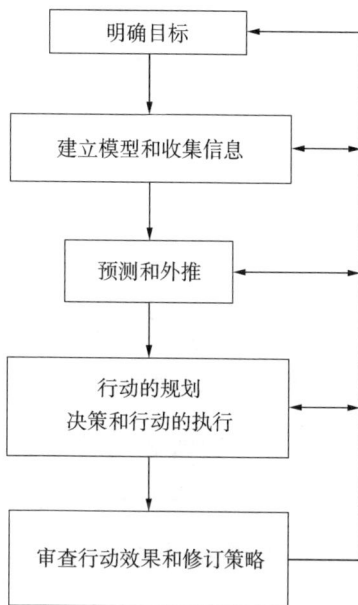

图 11　组织复杂行动的步骤

清楚的一点是,这个城郊的情况由于某种原因不尽如人意。相对地规定一个目标("更好的交通运输网"或"更多友好的用户设施")常常说明我们并不确切地知道自己要做什么。但是,在开始形成判断直到下决心之前,我们心目中必须有明确的目标才行。明确的目标将给我们提供评估的准则和判据,评估我们可能提出的措施是否恰当。

明确目标之后紧接着要建立模型和收集信息,听起来这是不言而喻的——为了解决一个复杂问题我们当然需要信息。但这再一次说明说起来容易做起来难,因为我们经常必须在某一期限之内作出判断或决策,几乎没有时间收集所有真正必要的信息。

作为公民,我们对选举日要作出判断的那些问题,总能有一个**完全**的理解吗？我们将不得不花所有的时间,就有关核能、军费开支、移民、经济政策、卫生保健改革等等许多领域的问题进行阅读、研究、考虑,以便作出合理的决策。世界上没有人能够做到。我们必须工作、吃饭,还得有一定的睡眠时间。而且,不仅是普通公民缺少时间收集信息,就连政治家们需要马上作出决策的时候,也很少有时间来消化哪怕是现成的信息,更没有时间去过问那些新写出来的咨询意见。

我们经常在判定多少信息才算足够了。是否有什么合理的准则帮助我们来区别两种情况:什么情况下粗线条的信息就可以了,什么情况下我们需要很详细的信息?什么时候概括地掌握一些突出的问题就足够了,什么时候我们还需要用显微镜进行仔细分析?

当然,我们不只简单地收集信息,还要做更多的工作。我们要把它整理为一个总体图景,一个我们所面对的现实的模型。胡乱收集随机数据,只不过增加情况的不可知性而对作决策毫无裨益。我们需要一幅有内聚力的图景,让我们确定什么是重要的什么是不重要的,什么属于共同的东西什么不是——简言之,它能够告诉我们,我们的信息有什么**意义**。这种"结构知识"将使我们在貌似混沌的现实之中找出秩序。

预测和外推是第三步。一旦取得了某一种情况的足够信息,并已形成一个适合该信息的模型,那么根据现在的情况,我们不但应该能够评估现状,而且应该能够评估随后可能出现的各种演变。这是现在的情况;我们期待下一步会发生什么事情?回答这一问题对于规划将来的措施比解决现在的问题通常更为重要。假定我钱包里现在有100元,这对于我昨天有200元、前天有300元的情况,和我昨天有50元、前天有20元的情况,其含义大不相同。在经济高涨或者下降时期,是否会发生某种特定的经济状态,比经济状态本身更为重要。根据发展趋势考虑问题,认识这些发展趋势,能使我们有备无患。

一旦我们对现在的情况有了一个图景,对其将来如何变化有了某些想法,我们下一步必须考虑应采取什么样的措施以达到我们的目标。我们该做什么?我们应该做任何事情吗?回答常常是单纯的:我们将一如既往。墨守成规有它的优点：我们不需要在每种情况下从头做起，寻找什么可能是最好的行动方针。这或许就是为什么我们往往循规蹈矩，而且这也常常是一种合理的选择。

另一方面，"方法主义"，如克劳塞维茨（Carl von Clausewitz，1780—1831）对这种倾向的称谓，会给我们的活动强加一种不健全的保守主义。许多心理学实验表明，依照预先确定的模式行事的倾向，会如何使人们的行动范围受到限制。要取得成功，规划者必须知道什么时候照章办事，什么时候另辟蹊径。认识适合于特定情况的策略——无论循旧例还是创新法或者两者结合——将帮助我们更有效地制订计划。

决策紧跟规划。行动常常有几种选择，初看起来好像都不错，但我们必须判定事实上哪一个最好。这并非易事。

行动跟随决策。计划一定要转变为现实，这也是一个艰难的，要求不断自我观察和批评的事业。是不是我所期望发生的事情实际上正在发生？我的行动前提是否正确，或者是否我必须回到规划过程的较早的一步重新处理？由于我的行动所依据的信息看来是错误的，我是否必须再一次收集信息？由于我已选择的行动方针效率不高，我是否必须提出一些新的行动方针？我是否必须针对现实情况修订整体模型？我们一定要随时准备承认某一解决方案不行。

但是，过早放弃某一确定的行动方针是不明智的，持之以恒常使人得益，采取中间道路也不容易：既不是顽固坚持注定失败的计划，也不是刚有一点困难迹象就想放弃基本上还好的计划。尽管如此，寻找这种中间道路将会给我们提供更多的成功机会。

这些步骤对复杂行动的结构给出了一个粗糙的轮廓。当然，实际过程并不像图11中所示的一步一步简单地前进。通常我们不仅仅是提出目标，收集信息，预见未来的影响，制订措施，作出决策，最后对我们正在采取的行动进行评估。我们更经常地注意到,当我们收集信息时,目标还没有足够清楚地被提出,我们肯定难以知道需要什么样的信息。或者,直到制订计划的阶段,我们可能还没有注意到,以前认为对于我们的目的已有足够的信息,其实根本不够。或者,当我们在实际中试图贯彻一个周密计划的措施时,才发现它完全不切实际。但是,如图11所示,从任意一步返回到另外任意一步,道路通常是开放的,而实际的计划过程可能包含着频繁地在各个步骤间的前后跳跃。

图11是一种系统化了的表示,并不表示现实社会中人们如何处理实际问题。对于要在复杂情况下有效行动和规划的人们提出的不同要求,图解中的五个步骤我认为是一种可能且有用的划分。这几个步骤包含尚待解决的问题。后面各章我将更详尽地描述这些问题如何最有效地得以解决,以及事实上人们如何应付这些问题。

◈ 第三章

确定目标

确定目标的要求

我们为什么要确定目标呢？对,如果没有目标,我们将一事无成。没有人会不因为一种或几种理由而去做饭、读书,或者写信。我们活动是为了达到某种目的,或者防止或阻止某种情况的发生。我们想把某种东西弄成它"应该"的那种样子,或者我们要防止某种东西改变它原本的样子。这些期望是我们行动的灯塔,告诉我们应该走哪条路。形成了目标后,这些期望对问题的解决起着重要的作用。

我们已经感受到确定目标在整个规划和行动过程中所起的作用。现在让我们更仔细地考察一下妨碍我们成功地确定目标的各种陷阱和困难。

目标以多种形式出现。我已经介绍过两种不同的形式:积极目标和消极目标。有时候我们的行为是要导致某些我们认为是称心如意的条件,而有时我们的行为是要改变、废除或者避免我们认为是不受欢迎的条件。朝着合乎需要的事物状态去工作是一种积极目标;而纠正或者防止事物的不完善状态则属于一种消极目标。

这样区分积极目标和消极目标,可能听起来有点学术化,但这很重要。对积极目标来说,我们想达到某种确定的状态;而对于消极目标来说,我们希望某种情况**不要**发生。我们实际上**需要**什么,对于消极目标来说不如积极目标定义得那样清楚。因此,消极目标(避免某种东西的意向)常常定义得非常含糊、概括:事情必须"以某种方式"改变;现在的事态无论如何是不能忍受了。积极目标也可能定义得很笼统:例如,"我想吃点**什么**"。但是,正由于消极目标所固有的"非"的逻辑,其定义可能更加含糊。定义"非炉子"或者"非椅子",就比定义"炉子"或者"椅子"更加困难(虽然并非不太容易辨认——因而消极目标不一定不清楚)。

"我不知道,如果事情不同是否将会更好,但是我确实知道,如果事情要变得更好它们必将有所不同。"启蒙时代格言作家利希滕贝格(Georg Christoph Lichtenberg)如是说。实际上他强调了消极目标的含糊性,同时警告我们在接近消极目标时应谨慎从事。

我们还可以区分一般目标和特殊目标。一般目标由单一的或少数的标准所定义。特殊目标由许多标准所定义,它可以被非常精确地描述和概念化。例如下国际象棋时,一般目标是将对手的军。容易判断棋盘上所给出的某一局面是否将了军,但是可能的将军局面却是很多的。因此,将军的标准使得将军的目标只能作含糊不清的定义。

我们应该区分一般目标和含糊目标。含糊目标缺少一种标准,我们无从确定目标是否已经达到。"我们必须使图书馆对用户更加友好","我要把房间收拾得更加舒适","我们必须让这个城市对步行者更加友善"。这些目标都含糊不清。运用比较级,说明讲话者并不精确地知道他所期望的事态应该是什么样子。他所知道的一切,只是事态应该与现在有所"不同"。

上面所引的目标与含糊一起——或更精确地说,在含糊之中——

说明它们确实都是多重目标。一个用户友好的图书馆,不仅仅是借书期长,或者是开放时间方便在职人员,或者是座椅舒适,或者是有很多可选杂志的图书馆。但是,综合所有这些特征确实导出一个接近理想的用户友好的图书馆。

追求多重目标是指运作时我们必须同时关照许多因素,并满足几种标准。另外,一个系统中变量间的相互关系同时引起目标间的相互关系。我们各个目标的判据可以用不同的方式相关联。它们可能正相关:如果A是事实,那么(一般)B也将是事实。譬如,一套现代公寓住宅,通常容易取暖。它们可能负相关:如果A是事实,那么(一般)B将**不**是事实。譬如,一套容易取暖、地段又好的现代公寓住宅,一般**不**便宜。最后,它们可能根本不相关,即它们所具有的变量可能相互无关。

变量的相互依赖性也可以有不同的形式。它们可能直接依赖,一个影响另一个,其他变量影响第一个,或者两者相互影响。或者两个变量没有直接联系都依赖于第三个。如果一套装备有现代家具的公寓住宅通常也容易取暖,这并不是因为家具的现代性对于取暖系统的效力有任何影响,反之亦然。这两种特性的基本解释是,买得起现代家具的人家通常也买得起供热好、设施好的公寓住宅。在此,两个变量都依赖于第三个。

如果两个目标判据正相关,就可以把事情简化,因为如果我们满足了一个判据,就必然满足另一个。这与两个判据负相关的情形不同,因为此时,如果我们满足了一个判据,必然无法满足另一个(而且反之亦然,若依赖关系是互逆的)。如果我们要买一块便宜的宅基地,很可能周围的环境不是很吸引人。

认识目标判据之间的关联性很重要。正如我们所看到的,在各种复杂情况下,我们不能只做一件事情。同样,我们不能仅仅追求一个目标。如果我们试图这样去做,将无意识地制造某些新问题。我们可能会相信自己一直在追求一个单一的目标直到取得成功,进而——惊异地、烦恼地、恐怖地——确信,在摆脱一种麻烦时,我们在不同的领域中也许造成了另外两种麻烦。换言之,存在着若干我们开始可能根本没有考虑到,甚至可能不知道自己在追求的"隐式"目标。举一个简单例子,如果我们问某一个健康人他的目标是什么,他一般将不会把"健康"作为自己的目标之一。不过,它是一个隐式目标,因为如果我们特别指出这一点,他便会同意保持身体健康是重要的。但是一般来说,只有当他病了,健康才会成为他的显式目标之一。

这听起来可能是很显然的,但是如同我们将会看到的,大多数人的行为由对显式目标的极度的(或排他的)先入之见所驱动,这种事实能解释大量的坏规划和适得其反的行为。人们关心他们所面临的问题,而不大关心尚未遇到的问题。因此,他们倾向于忽视这样的可能性:在A领域解决一个问题,就可能在B领域产生一个问题。

总之,目标可能是:

●积极的或者消极的

●一般的或者特殊的

●清楚的或者含糊的

●简单的或者多重的

●隐式的或者显式的

在确定目标时,我们必须了解并知道如何对待这些特征。我们常常把一种目标用另一种不同的目标替换。例如,一个含糊目标有时可以分成几个清楚目标,或者一个隐式目标可以变成显式目标。可是,这种策略有的能够广泛地应用,而其他的则仅适用于特殊情况。

可能的话,我们应该设法将消极目标转化为积极目标。要避免什么事,要使某一特定的情况"有所不同"——这些目标不明确,不足以作为规划和行动的指南。由于其起源的问题——要求不具有什么东西——一个消极目标常常过于一般化。

我们可以由此推论,无论何时都应该设法将一般目标转化为特殊目标,这似乎有道理。下国际象棋时,如果只有一个一般目标,就是将死对手的王,那他是下不好的。我们必须将若干特殊目标作为规划和行动的基础。"使你的目标具体化"这句话说起来容易,但做起来并不是那么容易。再以下棋为例:是否一个棋手甚至在未开始走棋之前,就定下一个特殊目标来指导他整盘棋的战略?"我要他的王在H-1,而我的后在D-2,由位于G-3的象保护。此外……然后我就能将他的军了。"

这个目标非常特殊,但是开局阶段就采纳这样的目标是很傻的,或许根本没有人这样做。谁知道棋势如何发展?棋手双方谁也不能单独控制局势发展,因为始终有一个对抗者。棋手必须准备抓住出现的各种机会,而在一盘棋中过早地严格定义最终目标会使棋手对发展过程失去判断力,并限制他们的灵活机动性。

那么,难道最好不要将一般目标转化为特殊目标?否——如果特定行动不是由一个整体概念给出的,那么行为将仅仅对瞬时的要求作出反应。

摆脱这种进退两难困境的一个办法,是根据最大"功效差异"的判据设定中间目标。[1]如果一种情况对于具有较高**成功概率**("功效")的活动给出许多**不同的可能性**("差异"),那么这一情况便是以高功效差异为特征。在国际象棋中,这类情况的例子有控制棋盘中央,控制较多的棋子,战略上布置小卒等。即使不能定下最终目标,我们也可以追求功效差异的情况。(设定并达到中间目标也有危险,后边我们将对此进行分析。)

对于含糊目标我们应该怎么办?对一个一般目标,我们至少总有一个成功的判据——例如在国际象棋中,可以检验我们是否对另一方的王构成将军。而对含糊目标,我们甚至连这样一个成功的判据都没有。如同我们谈到"用户友好的图书馆"时所指出的,含糊目标往往在其后包含多重目标。什么是"舒适的"房间? 或者就此而论,什么是"利于工人"的税收政策? 世界各国领导人谈论"维护和平"时其真正的含义是什么?

"用户友好"、"舒适"、"利于工人"、"维护和平"——所有这些都是概念化了的东西,而当我们形成一个概念的时候,就倾向于认为在此概念之下一定有某种东西,某一**件**事情出现。但是,上面的这些概念都不是指一件事,它们是可以表示许多不同元素和过程的复杂创造。我们已经看到,一个用户友好的图书馆,可以有任意的一个"用户友好"特征的长目录。"维护和平"的意思可以指几种不同的事情:组成某一兵种,或者是裁军,或者开始组建一个小兵种以显示其能力,随后以某种裁军形式以显示其善意。根据不同的形势,这些选择之中任何一种都可能有助于维护和平。

如果想揭开这些复杂概念固有的不明晰性,我们必须对其进行"重建"。必须把它们分开,并且孤立出当我们谈论舒适、利于工人等话题时所指的**细节**。这样做就清楚了,但是也带来了困难,因为用这种办法分析了一个复杂概念后,我们常常注意到,没有单个的"中心"而是包含了许多不同地点不同时间的不同事物。只有在这种分析后才能看到,我们完全不是处理一个问题,而是一大堆令人绝望地纠缠在一起的问题,因此,解决了一个问题可能使另一个问题更加麻烦了。

给一堆问题挂上一个单一的概念标签,处理起来就变容易了——倘若我们没有兴趣解决问题。如果我们不是必须**处理**失业问题,像"反对失业现象的急需措施"这样的空话说起来毫不费力。一个简单的标签不能把一个问题的复杂性赶走,但它可以掩盖其复杂性,使我们对它视而不见。当然,我们因此找到了一种安慰。

把含糊目标转化为清楚目标,我们常常发现一个多侧面问题,它由许多局部问题组成。我们如何对待一个多侧面问题呢?我们将怎么办——如果我们是格林韦尔市市长而不得不管理(萧条的)市政金融,改组(人们无所事事而迷恋于赛马的)档案局,吸引新工业,决定提议中的多功能大楼是否应该缩小规模,从而把节约下来的钱花在……

解决多重问题有很多办法,但我们通常做不了的一件事是同时解决所有的问题。我们需要找到一种方法来组织这一系列问题,这里有多种可能性:

●我们可以研究这一组问题,以确定它们之间相互的依赖关系。有时我们将发现某些中心问题与若干外围问题有关。筹集足够的资金常常是一个中心问题,如果这一问题没有解决,别的问题也不能够得到解决。因此,缺钱将经常是一个明显的中心问题,而别的中心问题就不像这样显而易见。例如,一个青年现在具有且最终会发现与他的婚姻不相容的各种感情上的和身体上的问题,可能是不明显的,尤其对该青年本人而言是不明显的。如果找到了某一情况下的中心问题,我们的主要努力方向便清楚了。我们可以集中解决那些中心问题。

●如果不能充分地区别或根本不能区别中心问题和外围问题,我们常常可以按照重要性和紧迫性把问题分类。在改进一个社区娱乐福利的计划中,为硬币收藏者提供一个集会场所,对于解决问题来说,不如建设体育运动设施那样重要。一个问题的紧迫性是给定时间框架的函数。一个必须在今天中午以前完成的任务比一个直到今天晚上才要求完成的任务更为紧迫。重要性和紧迫性之间常常出现冲突。在一特定的时刻,某些事重要但不紧迫,还是紧迫但不很重要? 观察到这种冲突通常也就是解决冲突所要做的。但是,当我们受到时间的压力时,可能看不到问题堆里的重要性和紧迫性,因此我们恢复了"胡乱应付",集中注意紧迫但常常不重要的问题,而忽略了真正重要的问题。这种模式几乎每一个人都熟悉。

●最后,我们可以通过委托的办法减轻处理多重问题的任务。但是,只有在某些问题足够地独立于其他问题,可以在一个确定的时间段内孤立开来进行处理时,这种方法才能奏效。这里我们还应该区分委托问题和把责任转嫁于他人的问题,两者之间的界限不总是容易划分的。区别何在? 委托的意思是指,委托别的机构和个人为我们做细节工作,而我们对被委托的问题在整个问题中所起的作用保持清醒的认识,并坚持参与所委托的问题。相比之下,把一个问题转嫁于他人时,我们立即把该问题从自己的心目中放弃了;而当它在我们的脑海中重新出现时,我们在时间上、注意力上对这一新负担的反应是感到厌恶,这是问题将依然解决不了的一个当然的征兆。

当我们有一个以上的目标时,问题分类及委托任务是好的策略。尽管如此,还是不能解决多重目标的基本困难。正如我们已经看到的,各个分目标可能不相容。在实现一个目标时,我们可能远离了另一目标;而解决一个问题时,又可能使另一个问题更加恶化。

如果解决两个问题时发生冲突,我们没有很多的解脱办法。办法之一是寻找一种折衷的方案,给出的解答对每一问题都不太理想。而另一种解决办法是,只把其中的一个问题解决好,把另一个问题完全抛开。

目标相互冲突不是因为它们的本性,而是因为在系统中联系它们的变量是负相关的。这样,解决目标冲突的第三种可能性是改造整个系统,使系统中不出现对立的关系。大学里常采用这一策略,让本校运动员获得平均高于一定水平的学分,以便参加比赛。这些学校选取两个变量——运动成绩和学习成绩——两者传统上是对立的,更不用说正相关了。

现在我们讨论隐式目标。这种目标存在危险,因为规划过程的早期阶段它们不被注意,只有在我们追求别的与这些隐式目标对立的目标后,它们才显现出来。例如,虽然如今许多人认为滴滴涕是一种生态祸患,但在开发初期它曾被看作是上帝赐福于民:终于找到了一种有效的办法制止大量昆虫毁坏庄稼,尤其在第三世界——终于有了一种反饥饿的有效武器。使用滴滴涕引起的问题是逐渐暴露出来的。

科学家们研制滴滴涕解决了一个问题,但这引出了若干新问题。为什么没有人预见那些新问题呢?不费力的回答是,"因为当时不知道足够的背景情况"。但是我认为,知道得少是次要的,更重要的是没有人去努力收集必要的知识。在处理一个特定问题时,我们只集中于那个单独的问题,而不管尚未出现的其他问题。所以,知之不多的错误没有不想知道的错误那么严重。不想知道不是恶意或利己主义的结果,而是把注意力集中于紧急问题的思维方法的结果。

怎样才能避免这一陷阱呢?只要牢牢记住,每当着手解决一个问题的时候,我们想**保持**的目前情况的特点是什么。简单吗?当然不。

正如布莱希特(Brecht)在他晚年所看到的,提倡进步的人们对于已经存在的事物的看法,往往过于肤浅。换句话说,当我们开始改变某些东西时,对于那些我们希望保持不变的东西没有给予足够的重视。但是,分析什么应该保持不变仅仅给我们提供了一个机会,将隐式目标转变为显式目标,并防止像九头蛇的头那样,每解决一个问题就产生若干新问题。

我们已经考察了目标及它们的特点,考察了确定目标和对待目标的要求。现在让我们来看一些例子,在实际情况中人们是如何对待目标问题的。

一般目标和"修理服务"行为

我们为格林韦尔市市长们确定的目标曾是考虑"市民的福利"。这一目标作为行动指南什么的绝无用处。为什么?因为,"福利"是什么意思呢?它代表许多事物,所以不作进一步定义,它根本就不代表任何东西。福利属于上一节描述过的含糊复杂目标类型。它意味着保证最低的基本物质需求:足够的食物和住所。足够的就业机会当然也是该目标的基本内容。除了基本成分外,福利的其他成分有生病时的医疗护理,免受犯罪行为伤害的保护,以及一个范围很广的在文化生活方面提供的方便。

所以,在我们开始提供福利之前,首先必须尽最大可能识别出它的各种成分来。我们必须把福利这个含糊目标分解成各种成分,并仔细地研究这些成分本身和它们之间的相互关系。而这正是许多人遇到的最初的困难。他们不分析他们的复杂目标,不清楚福利是一个复杂概念,包含了许多不同的成分,也不清楚它们之间相互的关系。

他们接受了"市民福利"的目标并去工作,或者更确切地讲,他们开始胡乱应付。没有把复杂目标分解成若干分目标,他们几乎不可避免地宣告自己的行为是我所说的"修理服务"行为。因为这些市长们对于福利是什么意思没有清楚的想法,他们出去寻找那些出了故障的东西,而一旦找到了它们,他们当前的目标就成为修理好那些破损了的东西。

例如,在格林韦尔游戏中,一位市长把自己安置在一个超市的大门口,询问家庭主妇,看她们对于市里的事情有何抱怨。这类方法保证会产生结果。一位妇女抱怨大街上的狗粪;另一位抱怨公务员们工作起来像蜗牛一样慢;还有一位发现对老年人的服务不够好;另有一位觉得对市立图书馆应该再多做点什么……

市长被一个随机产生的抱怨清单所左右,过多地关注相对不太重要的问题,而对于真正重要的问题,要么忽视了,要么不能恰当地评估。结果导致修理服务行为:市长解决了人们带给他的问题。某些灾祸特别明显的时候,这是最可能发生的情形。例如,交通事故中,受轻伤者的苦楚有时比重伤员更为显眼,因为严重受伤的人不再尖叫,从而不再引起他人注意他们的受伤情况。可能发生这样的情况,不大需要帮助的人得到了所有的帮助,而最需要帮助的人却什么也得不到。在处理困难而复杂的情况下的分问题时,也常常发生类似现象。对问题成分分析不充分,导致修理服务行为合乎逻辑。在不明确的情况下,当我们不真正了解自己需要什么的时候,还可以做些别的什么呢?

修理服务行为的一种可能的结果,是错误的问题得到了解决。因为我们不了解问题之间的联系(甚至不知道我们不了解它们),而且对于这些问题与定义仍不明确的市民福利的总问题之间的联系也一无所知。我们根据不相关的判据(诸如根据问题的明显性,或者我们解决特定问题的能力等)来选择将要解决的问题。

例如,格林韦尔的某一个市长在一次会议上,发现自己面临的问题是市府行政工作人员要求增加工资。这不是格林韦尔最迫切的问题,但是他们的财政困难,加上他们作为市府雇员,与市长关系密切,促使市长将别的事儿都搁下来,把所有注意力都集中在这个小群体的比较次要的问题上。该市长是根据明显性的判据来决定优先权的。

另一个市长有一定的社会公益服务专业经验,她(几乎欣慰地)发现许多在校儿童有不少困难。在这一个领域她知道自己应该怎么办,知道要询问什么问题,要采取什么行动。于是她忽略了别的问题而完全埋头于学校的问题,接着是某个班的问题,而最后,集中于一个单独的个人——14岁的彼得(Peter)。该市长是根据自己的能力来选择问题的。她没有解决她必须解决的问题,而是解决了她知道如何解决的问题。

修理服务行为另一种可能的结果是,完全无视眼下可能不存在而晚些时候才出现的失败和故障。如果我们的行动是以某种程度上随机产生的抱怨清单为依据,那么必然还受制于当前时刻。解决今天的问题而对可能产生的隐式问题仍然看不见。

其他被忽视的问题是那些开始很小的,仅由微小征兆预示,但却加速发展的问题。除非有所预测,否则这些问题将使我们感到意外,似乎是不知来自何方的爆炸性事件。因此,面对动态系统时,我们应该考虑到将来。这是另外一个听起来很显然的原则。但是,我们在本书中将有机会看到人们必须对待时间问题时的最低限度的能力和倾向。

一个依然含糊的目标,一个还没有分解成具体分目标的目标,是以其本身的生命来冒险的。没有具体的目标,就没有可以用来判别事实上是否取得了进步的判据。塔纳兰的独裁者全神贯注于耐胡图大草原的灌溉问题而排除了所有别的问题,正说明了这一要点。发生了什么事情?也许在某一地点,一位塔纳兰居民抱怨雨水太少而参加者开始想知道对此他可以做些什么。建设一个复杂的灌溉系统是一项充满困难的挑战性任务,人们可以同它较量一番。人类的特点是常常觉得挑战具有魅力。赌场便是证据,人们甚至愿意花钱寻找面对挑战的机会。当然,挑战必须满足一定的条件,成功的可能性不能过分地确定或者过分地靠不住。如果成功来得太容易,游戏就会毫无趣味。如果不可能成功,那么游戏又会太令人泄气。但是人们发现成败机会各半的情况才是最有趣味最激动人心的,从而乐意长时间地将精力集中在这些挑战之中。在建设灌溉系统的过程中，如果一个人在完成整个工程的道路上既有成功也有挫折，那么任务本身就可以呈现自我的生命力：任务的真实目的——提供改善了的牧场——可能在任务本身表现出挑战之后完全消失；的确，它可能被忘得干干净净。

心理学家奇克森特米哈伊(Mihaly Csikszentmihalyi)为那种不断提出中等难度新挑战的工作所发挥出来的魔力，杜撰了专用术语"心流体验"(flow experience)。[2] 外科医生、国际象棋手、登山运动员、悬挂式滑行机驾驶员，以及许多从事困难而又能取得成功的活动的其他个人，都对心流情形敏感。心流情形是这样一种状态，在其中形成紧张，然后又放松；这是一个序列，当事人经历着害怕失败，战胜障碍，又一次害怕失败，再胜利，如此等等。不够具体的未经精心设计的目标，使得问题的解决易受这种现象的影响。一个偶然发生的临时目标可能诱使他进入无法逃脱的心流状态(也许他甚至不想逃脱)。

科学研究中，结果的即刻可应用性常常不是(也不应该是)成功的判据，此类"目标退化"现象不是小事。许多社会科学家曾经着手编写可以用来评价试验的计算机程序，数年后他们醒悟过来，发现自己已经成了计算机专家。他们几乎没意识到自己早已忘了真正的目标而迷恋于使用计算机工作的魅力、挑战和胜利的喜悦。一个临时目标已经替代了原初目标。

霍克海默尔(Max Horkheimer)注意到这种退化过程，他写道："科学家们屈服于一种'具体主义'认识模式，认为钟表的工作比它所测量的时间更为有趣。好像一切都成了机械学的范畴。在他们的理论中，他们将全部的爱都投入到了那些他们无疑可以处理的事情上。他们认为，在那些他们看来是完善的并使他们避免矛盾的事物中，能够找到安全。他们迷恋于灵巧的手段、方法和技术，而在见识方面病态地低估，或者忘了他们认为自己不再能够做到的事情和我们大家曾经希望达到的目标。"[3]

霍克海默尔在这里没有忘记就为什么目标会退化这一问题提出几种假定:对安全的需要和对自己的能力缺乏信心。当然这两个因素可以联系起来:完全丧失信心的人最热衷于安全问题。

太一般或太含糊的目标没有被充分定义后,随之而来的各种现象以一种特殊的逻辑逐步显现出来。不充分的分析首先导致不确定性。"由于某种原因",我们不知道自己该做什么,所以就出去寻找问题。一旦找到了某些问题,我们必须决定哪些要首先解决。如果没有建立在目标规范基础上的判据来帮助我们确定优先次序,我们将选择最明显的问题——或者是已经知道如何解决的那些问题。

这样我们不仅的确几乎不可避免地以专注于错误问题而告终,而且也会忽略各种长远的考虑,特别是当分目标或临时目标抓住我们的注意力并替换了原初目标的时候。认识到自己正在处理错误问题只能使我们更加不知所措。如何摆脱这种束缚呢?我们把自己孤立于一项我们感到能够胜任的任务,最好是既具有挑战性又能提供某种成功喜悦的任务。

面对复杂的动态系统,重要的是至少将我们要实现的分目标做成一个临时的图景,以便阐明必须做什么,什么时候做。例如,在保健事业资金不足的情况下,把钱财都倾注在改善娱乐设施方面,显然是不合理的。但是,正如我们已经看到的,这类错误恰恰是修理服务行为产生的。抓住明显的或者容易解决的问题,不是导向有计划的行动,而是手忙脚乱地先应付一种不满,再应付其他的抱怨。

我们已经全面地批判了修理服务行为,现在让我用几句对其有利的话结束本节的讨论。事实上,修理服务行为并非完全不合理。能够纠正一些弊端,的确比什么也不做要好。经济学家林德布卢姆(Charles Lindblom)甚至对许多情况推荐这种"胡乱应付"。[4]哲学家波普尔(Karl Popper)在赞成国内政治不是由崇高的理想驱使而是受紧迫的形势鞭策时,也提倡一种修理服务行为。[5]这里重要的是对形势进行适当的评估。如果我们能够把目标具体地表达清楚,那么就该如此;而如果我们不能把目标具体地表达清楚,那么胡乱应付比无所作为要好。

理想的情况下,我们应该对被称为福利的复杂系统中不同成分的现实重要性,有一个清醒的认识。这种认识不仅能使我们为自己设定正确时段的正确临时目标,而且能使我们改变优先次序,由一个目标转换到另一个目标。例如,不管保健事业多么重要,在每一座大楼里都建立一个全副装备的急救站,便是把事情做得过分了。一旦提供了足够的保健设施,我们就应该转向别的目标。

自由、平等和"自愿征兵"

在复杂情况下,至关重要的几乎总是要避免仅专注于一件事和只追求一个目标,而不是同时追求几个目标。但是,在一个由相互关系复杂化了的系统中,各个分目标往往以两两对立的关系出现。

让我们考虑市郊的一个小镇,这里的居民抱怨"不良的生活条件"。分析可能表明,联系城区的交通和购物的机会都不太好。改进通往城区的交通是一个可行的目标,另一个是改进本地区的购物环境。但是,两者都不能相互孤立地进行。如果改进交通,郊区的居民可能选择进城购物,比起郊区来他们在城里有一个大得多的选择余地。这反过来导致当地的一些零售商店关门和倒闭。实现一个目标将会阻碍实现另一个。但是,如果交通条件依然欠佳,那么许多郊区居民将别无选择,只好就地购物了。而这种情况一般会增加当地的购物机会,因为更多的零售商店将会迁入该地区。

类似这种情况,我们必须斟酌一下自己的选择。有时,我们将不得不完全放弃一个分目标,因为另外一个更为重要。无论如何,我们必须考虑对每一个分目标能够认识到的程度。

复杂情况下,矛盾目标是惯例,不是例外。经济系统中,成本和利益几乎永远是矛盾的。成本不高的东西少有大的利益,而要想得到很大的利益,我们通常必须大量投资。因为做生意总想以最小的成本获取最大的利益,我们便清楚地发现了目标间的冲突关系。但这种冲突不太有害,因为它是我们通常都熟知的问题。更为危险的情况,是分目标的矛盾关系不明显。对于大多数天真地陷入规划过程的人来说,较好的交通联系和较好的购物机会之间的矛盾性质不会立即显露出来。同时实现自由和平等两个分目标也不是容易的任务,这在法国大革命年代也是不明显的。

如果我们以为"自由"就是指一种条件,在此条件下对个人行动极少加以限制,并且,如果我们以为"平等"是指平等地使用社会的物质和非物质资源的权利,那么,"自由"将很快导致重大的不平等,因为那些活动能力较强的人(例如较聪明的人)会更成功地取得他们想要的资源,其他人则较少成功。这样,更多的自由将意味着更大的不平等。另一方面,在一个政治系统中试图实现高度平等,将相应产生大量的对个人的约束,即不自由。

当冲突的目标之一是隐式的,因此我们不知道它的时候,要调和冲突目标之间的矛盾特别困难。让我们回到郊区城镇的例子:如果郊区提供好的购物可能,将无人抱怨购物条件,因为不会有人发现购物机会欠佳。但是,如果同时与城里的交通联系不畅,那么人们就要对此发牢骚了。如果对这些牢骚作出的反应是与城里建立更好的交通联系,将削弱郊区令人满意的购物条件。

回到20世纪60年代末期,当全世界的大学生鼓动对他们的大学进行重大改革的时候,德国基尔大学心理学系的学生要求增加主修心理学的人数。一位学生曾提出异议，所有这些新毕业的心理学工作者是否会有足够的就业机会，而这一疑问当时遭到了强烈的反对。那有点离题了，而手边的问题是学校要容纳更多的学生。他们将来的前途问题被认为无关紧要，因此不值得讨论。而相关的问题是给每个人学习机会，无论他或她选择学什么。

1969年，没有心理学家失业。10年后的一次集会上，整个学生团体要求全体从业人员保证为毕业的心理学者创造工作机会，任何种类任何地方的工作都行，但必须有工作。在过渡时期，心理学家的失业率已经达到较高水平。如今，无人为心理学系的规模受限制而烦恼，现在的抱怨是大学里培养出来的大量心理学家，在他们所学的领域找不到工作。

辨认不出分目标间的矛盾关系，导致不可避免地用一个问题代替另一问题的行动。通常的结果是产生恶性循环。我们解决了问题X，却制造了问题Y。但如果解决问题的间隔足够长，我们可能会忘记第一个问题的解决造成了第二个问题，正如心理学家的失业情况，有人肯定会为眼下无论怎样的紧迫问题提出一个老的解决办法，却认识不到老的解决办法将会再一次产生问题X，从而使循环进入另一个周期。

当眼前的问题十分紧迫，我们不遗余力设法摆脱的时候，会发生同样的事情。这也会产生一种恶性循环，使我们在两个问题的情况之间作后手翻。例如，某人头痛得很厉害，希望吃一种药消除头痛，但根据标签所述，此药有引起胃痛的副作用。头痛是真实的；胃痛是一种抽象，仅是一种将来的可能性。为了减轻头痛，头痛病人可能愿意吃药碰碰运气。但是一旦他胃痛了，情况就会反过来，他将设法得到治胃痛的药物，即使该药品可能产生头痛的副作用。

当人们认识到自己卷入了这种恶性循环的时候，他们会找到不同的方法来对付。一种是所谓"目标倒转"。他们放弃一个目标，或者甚至追求与原始目标正好相反的目标。塔纳兰实验给我们提供了这种方法的一个引人注目的例子。在一个参加者对物质环境和医疗条件方面进行了显著的改进后,饥荒突然发生了。图3中的曲线表明了原因:当物质条件的改进大体上遵从线性增长的时候,人口开始呈指数增长。同时,饥民很难地参加所有类型的工程。他们必须建设水坝,开挖灌溉渠等等。这便是一位"开发部长"答复关于食物供应不足的报告时的情况,他声称,"他们必须勒紧裤腰带,为子孙后代而牺牲。"这位游戏参加者所制造的悲惨状态,他现在宣称是通向未来天堂的一个必要的过渡阶段。

另一个参加者在这一方面更进了一步。他说,"死去的多为年老体弱者,这对改善人口结构有好处。"此处不是给饥荒简单地贴上一个必要的过渡阶段的标签,而是将它提高到一个有益的状态。这位参加者不把大灾难认定为灾难,而把它重新认为是纠正人口问题的一种合乎需要的方法。

当我们发现自己在追求或者实现了矛盾目标的时候,还有另一种应付的方法是"概念综合",或者说白了,是故弄玄虚。我们的规划游戏之一是要求人们改变国家的内政外交政策。计算机模拟了全球工业力量、人口统计学结构,以及气候和社会生态学条件等各方面的背景材料。一位参加者发现自己在外交战线受到威胁,而同时又必须应付国内的大量失业问题。他偶然发现对付这些问题的解决办法是引进全民兵役制。但是,在产生这种想法的那一刻,他回忆起仅仅数小时前,自己已决然宣布政府不该再采取任何措施来加强军事力量,因此确实不应该引进任何武装。这样,参加者为自己制造了多种矛盾目标。他做了些什么? 他引入了**自愿征兵**。在采取这一措施时他评论道,"人人都会理解此举的必要性。"[6]

两种不相容的事实口头联合背后的意图我是清楚的。胡诌者总想保住一个而不失去另一个——**说起来**似乎可行。他可能没有认识到当他将这样两项内容放在一起时,实际上是在试图将油和水相混。

这里值得注意的是,随着时间的推移,这些言辞上的矛盾的结合,可能产生词义的变化。例如,任何人如果不了解他应该自愿地接受征兵,那么他还不完全明白**自愿**是什么意思。只有当"真正的"自由意愿来源于兵役必要性的基本承诺,才可能存在。不接受这一必要性的人显然不能作出自愿的决定,因此必须强迫他们作决定。这样,类似**自愿**这样的术语被完全剥去其本义,甚至使它们的含意与原来正好相反。奥威尔(George Orwell)在《1984》一书里用他的"新话"生动地说明了这一过程。

另一个也许甚至是更加惊人的解决目标冲突的方式,是通过"阴谋理论"实现的。我们不该再坚持对自己所犯的错误负责任,而是应由其他(不怀好意的)人负责任。前面关于物理学家和经济学家在塔纳兰的例子表明了这种倾向。一遇到饥荒大灾难,物理学家就批评经济学家钻深井的事儿。他很快看到若干强制力破坏了他要取得实际结果的所有努力。而他的同事,经济学家,则体现了那些强制力。就算物理学家没有指责经济学家是故意蓄谋,但他明白地责备经济学家缺乏洞察力。别的情况下,人们得出不同的结论。例如,在我们的模拟中,游戏者常常倾向于把自然灾害归咎于实验的本性或者程序设计人员。"你们的人设定了这个情况,使谁也不能取得成功。你们真正所要搞清楚的一切是,每一轮中我对你们的阻挠能忍受多久。"这是失败的参加者常产生的那种反应。

格林韦尔实验中的一位参加者决定解雇手表厂的所有管理人员,而代之以建立工人的合作机制。这个相当突然而重大的改变造成了一次经济灾难。参加者不明白原因,便迅速将其归咎于工人们的"恶意"和"阴谋破坏"。他以为,如果把抓到的搞阴谋破坏的每个工人立即枪毙,一切都会改善。(在设计游戏时,我们当然没有料到任何人会采取这样激烈的手段。)这个参加者后来称他的训练劳动力的想法是一种黑色幽默的尝试。也许是这样,但是类似于真实世界的情况如此清楚,我们觉得仔细研究这些思想后边的精神机制是有益的。

在我看来,自我保护——保护我们自身胜任感的需要——在这里起着关键作用。尽管我们的意图是最好的,但承认已经失败了这一点对我们来说是困难的。这样的失败说明我们对主要条件的认识不充分。这种不充分反过来又意味着我们的行动能力有限,我们应该非常小心地前进。我们拒绝了那种结论及伴随它的罪过感,于是创造了阴谋理论。

当我们必须处理复杂系统中的问题时,很少有什么事像确定有用的目标那样重要。如果我们没有很好地阐明自己的目标,不明白它们之间的相互作用,那么我们的业绩将会受损。当我们不把过于一般的或不清楚的目标进行明确化处理,很可能不明智地把时间花费在低效率的修理服务行为上。最终,为了安慰自信,我们会发现自己挑选项目是根据它们明显或容易的特点而不是其重要性。如果忽视目标间的隐式矛盾,我们最初可能取得好结果,但是从长远来看将产生许多坏结果。我们也有处理这一现象的若干策略——用目标转换将非预期的坏结果转成好结果,用概念综合消除不相容元素之间的差别,还有用阴谋理论将我们的错误归咎于他人。如果能学会识别自己的这些倾向,我们就能检查在确定目标中隐藏着的失败,并有机会通过工作提高自己恰当确定目标的能力。

第四章

信息和模型

现实、模型和信息

花园水池散发臭味,为此我们舀出鱼,排干水。但池底还是臭。于是挖起池泥,用手推车运走发臭的东西。在池底铺上新鲜沙砾,重新种植水生植物,注满水,放回鱼。最后的结果是:一整天辛苦的劳动,外加死了两条鱼,但是池子不再有臭味了。

两个月后,花园水池散发出臭味。……

这里勾画出来的一系列活动,其目标是改变一种不妙状态,但最终证明整个过程是徒劳的。哪里出错了?计划是周到的,完成工作也是尽职的。错误发生在一开始目标就没有确定好。改变一种不妙状态被看作让花园的水池现在停止发臭。这个目标实现了,但所得利益却是短命的。由于定义目标的方式,所有的努力都是去治疗某一症状而没有去解决根本问题。

这种不充分定义目标的原因是什么?我们可以假定,对现实评估不够——一个太粗糙,太不精确,或者总之是有缺陷的现实模型——是一个原因。精确细致的现实模型,意味着知道一个特定系统中各种可能的相互关系。它告诉我们目前什么是重要的,将来什么可能是重要的。

在这里的例子中,水池的深度比宽度大而且池水的循环不好,因此较深层次的水得不到足够的氧气,从而使厌氧性的、恶臭的细菌在池底迅速繁衍。适当的解决办法或许是安装一个小水泵,使池水保持流通并富含氧气。

我们不能仅仅把注意力集中在什么错了以及要纠正什么上。在花园水池发臭的情况下,我们必须考虑构成这一特殊水池的不同成分,以及或许是更加重要的,这些成分如何相互作用。我们必须看到池子是一个系统:池子里的水影响其中的鱼,鱼的粪便影响池底,池底的条件反过来对水生植物又是至关重要的,水生植物影响水中氧气的含量,而水中氧气的多少和分布又影响着水生植物和鱼两者的生存条件。

极为清楚,十分明显,不是吗? 不幸的是,根本不是。如果看一看技术和工业化的历史,或者看一看援助发展中国家和地区发展计划的历史,我们发现众多的例子,其中人们忽视了情况的系统性。

埃及曾缺乏充足的电力,所以埃及人建造了阿斯旺水电站的拦水坝。由这一工程所获得的电力允许他们给新兴工业供电,并创造新的就业机会。但是无人预见水坝将有的副作用。水坝下游的尼罗河不再携带泥浆或淹没田野。由于这个天然的施肥源泉被撤走,人们要求增加化学肥料的使用,那样提高了农业生产的费用,并加重了水质的污染。水坝以下清澈的河水携带更多的泥沙,加快了河岸的侵蚀。因为河水所携带的营养也少了,提供给尼罗河三角洲以外海洋生物的食物也减少了,其后果影响深远。规划建坝的时候,无人考虑到这些可能性。我可以继续举出类似的例子,但是我不再举例,因为许多实例已经有了详细的文献记录。[1]

系统究竟是什么? 系统是由彼此处于因果关系中的许多变量所构

成的一个网络。系统中，变量甚至可以说与其本身有一种因果关系。例如，花园水池中，鱼的总数部分地取决于鱼群自身的繁殖率和死亡率。

图12表示花园水池中各变量之间的相互依赖关系。标有"+"号的箭头表示"正"效应："此愈多，彼亦愈多"以及"此愈少，彼亦愈少"。标有"−"号的箭头表示"此愈多，则彼愈少"以及"此愈少，则彼愈多"。线段端部带圆圈表示局限性；也就是说，所论及的变量仅当影响它的其他变量存在的情况下才可以增加。外围的箭头表示来自系统外部的影响或者变量自身的内部影响。我们将不去考察这一特殊系统的细节，但是从图12可以清楚地看到，我们不能在这里改变任何一个变量，而不对其他每一个产生影响。

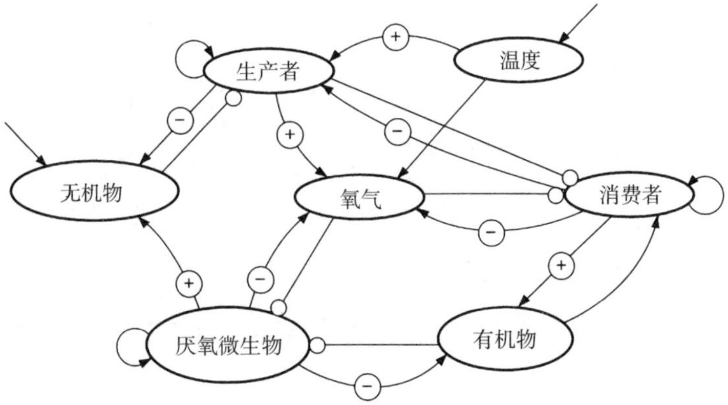

图12　水池系统

因而，当我们纠正某种缺陷的时候，聪明的办法通常是考虑它在系统中与其他因素的关系。如果不这样，我们可能只消除问题的症状而不触及麻烦的根源。我们还可能忽视自己行为的不愉快的副作用，最终使我们的所作所为弊大于利。但是，考察系统并非单单知道存在许多变量，而是辨认出变量相互之间及自身内部可以发生影响的不同方式。这些相互关系可以进行分组,组成不同的种类,有正反馈、负反馈、缓冲、临界变量以及指示变量。

系统中的**正反馈**是指某已知变量的增加引起该变量进一步增加;其下降导致更大的下降。动物和植物群体在某种程度上受正反馈控制,较大的群体变得更大。正反馈往往破坏系统的稳定性,一个正反馈控制的多变量系统很容易变得杂乱不堪。

系统中的**负反馈**是指一个变量的增加引起另一个变量的减少,反之亦然。这种负反馈倾向于维持现状。它保持一个系统内部的平衡,倘若发生某种骚动,它会使系统重新恢复平衡。动物群体中的猎食关系受负反馈的控制。被捕食者群体的增加将导致捕食者群体的增加,但这反过来导致被捕食者群体的减少,进而又导致捕食者群体的减少。这些关系如此产生作用,以至于随着时间的推移,捕食者和被捕食者群体在某一稳定的平均水平上达到相互平衡。

技术领域经常用负反馈产生稳定状态,诸如冰箱里恒定的低温或者居室里恒定的暖和温度。恒温器是负反馈在科技应用方面的例子。

一个包含许多变量,由负反馈调制的系统,是一个**缓冲性能良好的系统**。它可以吸收大量的扰动而不会失稳。但是在自然系统中,缓冲能力通常是有限的。反馈系统是消耗物质或消耗能量的,如果其中任何一种耗尽,系统就可能崩溃。水井是一个很好的例子。如果我们从井里取水,更多的水会从周围涌入井中。井里的水位看起来是稳定的。这可能产生一种假象,让我们觉得面对一个用之不竭的资源。但是到某一极限,地下水将被用尽,水井就不能自我补充了。一旦发生这样的情况,系统可能长期不能用或者遭到永久性的破坏。我们引言中的物理学家和经济学家,还有塔纳兰游戏的许多参加者正是落入了这种陷阱。

系统中的**临界变量**,是同系统中大量的其他变量相互作用的那些变量。[2]所以它们是关键变量：如果我们改变这些变量，就是对整个系统的状态施加一个较大的影响。

指示变量是依赖于系统中许多其他变量，而自身对系统施加很少影响的那些变量。这种变量提供重要的线索帮助我们评估系统总的状态。

很明显，不孤立地看待某一缺陷，而将其嵌入系统中考虑，对我们非常有利——帮助驱动许多正反馈和负反馈回路，反映基本临界变量中的变化，以及通过可视性较好的指示变量馈送信号。理解了一个系统中的多种联系，我们便可以判断特定缺陷的根源何在，并开始更加恰当地定义我们的目标。

但是，我们需要知道更多的东西，不能仅限于系统中各个变量之间的因果关系。我们可能还需要知道由变量可以作出怎样的抽象——怎样的广义概念包含我们的变量所代表的狭义概念？也许知道变量属于部分和整体的哪一个层次也是有益处的——变量是哪个整体的一部分，反过来它是由哪些部分组成的？

下面的例子表明这种信息的重要性。格林韦尔实验中的一个参加者看到需要增加市属手表厂的生产。她是学文学的，对生产手表一无所知。刚开始她很困惑，不知道如何着手处理问题。但她突然想到："等一等。造手表是一种生产过程。我也生产东西。例如我为自己卷烟。我是如何做的？我需要原料：卷烟纸、烟叶和一点唾液。然后我把原料按一定的次序——即按照一套计划——放到一起，做这些我需要能量，虽然卷一支烟不需要多少能量，但生产别的产品所需要的能量可能是不同的。所以，一个生产过程要使用能量并遵循一套计划使原料转变为一种成品。对啦，什么是造手表所需要的原料呢？那些原料按照什么计划制作和组装成手表呢？造手表的人必须要有什么样的技能呢？需要什么形式、多少能量呢？"

通过类似的卷烟制作想象手表的生产,该参加者能在脑海中描绘出制造手表的情形。这给她提供了对手表生产进一步提问的根据,并使她能很快地抓住她必须工作的领域中的要害。

只有当我们以抽象的方式考虑事物的时候,这样的类比思维才是可能的。我们必须认识到造手表仅仅是生产过程广义概念中一个很窄的形式。而所有的生产过程具有的共同点是耗费能量,根据一套计划把不同的材料合成整体。

事后,类比思维看起来似乎是简单的、显而易见的一个步骤,但是许多参加者从不运用这种方法,而在具体情况中失望地陷入困境。把手表生产和做卷烟联系起来的先决条件——为了想出有用的问题来提问——是抽象地理解手表制造是一个生产过程。由于这种沉思,重要的是理解广义和狭义概念之间的关系、抽象和具体之间的关系。这些关系启示我们如何将一个领域的知识运用到另一领域。

如果除了知道狼是捕食者外,我们对狼的其他情况一无所知,而如果对猫知之甚多,包括猫也是捕食者的事实,那么,联系狼和猫的这种广义概念为我们提供了扩展关于狼的假定的基础。在这一基础上我们可能获得正确的假定("狼逮耗子")和不正确的假定("狼长时间地蹲在耗子洞前纹丝不动"),但是我们总可以纠正错误的假定。因为错误的假定最终可以引导我们纠正误解,总比什么假定都没有为好。

知道一个系统的构成元素,还可以使我们洞察该系统的结构。观察构成一个单一元素(例如一条鱼)的不同部分,可以揭示它与周围环境的关系。鱼有一个呼吸系统;因此,它需要氧气,而它所需要的氧只能从水里找到。鱼有一个消化系统;因此,它要排泄,而这些粪便在水里和池底会发生什么情况呢?这一问题的答案能使我们洞察池塘中活的动物与池塘里的水、岸线以及池底之间的关系。如果确定了系统中一个元素的各个部分并考虑到这些部分与周围环境的关系,我们常常可以推论出系统各变量之间的关系。

如果考察一个系统不是基于它最初的显而易见的元素的层次——鱼、水、植物——而是基于这些元素的构成部分，那么，我们已经把研究的细致程度提高了一个级别。理论上，我们可以深入至原子层次或亚原子层次。这样我们应该问自己，什么是我们所需要的正确的细致程度。我们是否应该将花园水池看作是由个体动物、个体金鱼、个体水生甲虫、个体睡莲所组成的？或者像图12那样，是否应该将其看作是由集合的动物群体、植物群体、水以及池底构成的？或者是否应该将其看作是由溶解在水里的氧气、水中所有营养成分、鱼的呼吸器官和消化器官所组成的？或者是否应该将其看作一片基本粒子"云"？

不存在一个可事先确定的适当的细致层次。可能发生这样的情况，在处理一个系统时，我们必须由一个细致层次移动到另一个。但通常应该选择的细致层次，必须能使我们认识"目标变量"之间的相互关系，也就是说，认识我们要影响的变量之间的相互关系。我们不需要详细地了解构成那些变量的具体成分。

比方说，如果要驾驶汽车，我们必须知道方向盘的方位如何影响汽车前轮的方位。只要整个操纵系统工作正常，我们不需要知道方向盘和前轮之间的因果联系事实上并不是直接的，而是通过许多中间的部件联系起来的。为了驾驶汽车，去了解复杂的操纵连接，对于手头上的这个任务是过于细致的多余知识。但对一位机械工人来说，了解汽车的操纵传动机制的各个不同部分就完全不是多余的了。但即使对一位机械工人而言，知道操纵杆所用钢材的晶体结构也显得过于细致了。

为了有效地处理系统：

● 我们必须知道要影响的目标变量依赖于什么别的变量。换句话说，必须懂得系统中变量间的因果关系如何在系统中一起发生作用。

●我们必须知道系统中的各个变量如何适合一个广义和狭义概念的分层结构。这可以帮助我们用模拟的方法填充系统中我们不熟悉的那些部分。

●我们必须知道系统的各元素可以分解成的那些成分，以及包含各元素的较大的复合体。我们必须知道这些以便能对以前未辨认出来的变量间的相互作用提出假定。

如何获得系统结构的知识呢？一个重要方法如上所说，便是类比。另一种方法，或许更为普遍，是观察变量随时间的推移所经历的变化。如果我们在某一个生态系统中观察到动物群体B的增加紧接着动物群体A的增加，而后来又看到，动物群体B的减少紧接着动物群体A的减少，那么我们可以假定B类动物以A类动物为食，而这两种动物形成了一个捕食者—被捕食者系统。观察变量间的共变，其间可能有一个时间滞后，是获得结构知识的一种途径，它所要求的只是随时间的推移收集和综合资料。

为了弄懂系统的结构，即使我们对该系统有了足够的了解以后，还必须继续搜集信息。我们必须知道系统现在的状态以便预测将来的发展，并对过去行为的影响进行评价。这些需求便信息成为规划工作不可缺少的内容。

一次解决一个问题

让我们回到摩洛族的困境。对摩洛族来说，开始事情进行得不顺利。他们饱受多种疾病之苦；婴儿死亡率高；牛营养不良，遭受一种由舌蝇传播的昏睡病；用水供应极为有限。摩洛人必须努力工作，他们必须照看牛；播种、锄草、收获、碾磨谷子；捡木材拾干粪来做燃料。他们过着艰苦而单调的生活。

我们用计算机模拟萨赫勒地区的摩洛族领地,对摩洛族的各种问题作了多方面的研究。结果大约在最后总指向一个方向,参加者往往都开始与舌蝇战斗。他们的行动导致牛群的扩大,而这反过来又导致更加严重的萨赫勒地区一开始就存在的缺水问题,和摩洛人对此更多更大声的抱怨。在这个关头,最后,大多数参加者开始打井以缓解缺水问题。(有些参加者倒转了顺序。他们以钻井开始,然后,当所预期的牛增殖没有实现时,他们采取措施与舌蝇作斗争。)

一些水井装备了水泵,以提高产水量,缺水问题得到了缓解。牛有了足够的水喝;植被区域增大了;耕田可以更好地灌溉;可以生产更多的谷子。不仅摩洛人的吃饭问题解决了,他们还有了多余的牛和谷子出售。销售活动使他们得以补偿在灌溉工程中的投资,甚至还有收益。简言之,整个计划是成功的。

参加者现在觉得让摩洛人从经济盈余中得益的时候到了。多数参加者想起的第一件事是医疗保健。摩洛人受到基础卫生指导,并当有了足够资金时,建立了一种空中救护服务,为紧急事件提供快速帮助。一座医院也许超过了摩洛人的需要,但是一个设备良好的由合适的人员管理的救护站似乎是适宜的。结果立竿见影:摩洛人不再死于轻微的感染、破伤风或蛇咬。婴儿死亡率迅速下降;预期寿命提高了。当然还有进一步的后果:人口总数显著增加。人口的增长一度曾是合乎需要的。政府乐于看到更多的人生活在人烟稀少的边境地带,但是总体说来也不愿意人口过多。不多久,人口爆炸使参加者着急了,他们试图对其进行遏制。但这一过程很慢,因为摩洛人不愿意放弃他们传统的生活方式,而且不容易使他们信服节育的必要性。毕竟,对他们来说事情进展顺利。但尽管摩洛人有阻力,节育措施还是有一定的效果,人口增长有所减慢。从这一点开始,故事的剩余部分可以在许多可能的方向上发展下去,但是几乎所有的方向都导向同一个地方。

1. 牛大灾难。牛的数目继续增长,最终超过了现有植被区域的负担能力。钻打更多的井不再有什么帮助,因为不管你浇多少水,草也不会在石头上生长。现在,饥饿的牛不仅吃草而且将其从根部撕断,结果是大规模的生态破坏。由于过牧的破坏作用,植被区域以警戒速度迅速萎缩。这是一个正反馈的经典例子:植被区变得越小,饥饿的残存牛越是绝望,对草地的生态破坏越严重。

在这样的情况下,很少会有参加者偶然发现正确但有点过激的、表面上"极端的"措施,就是要么屠宰,要么卖掉几乎整个牛群,以便营救剩余的牧草。极少参加者能解释随着时间的推移而发生的倾向,而且不幸的是,一个如此激烈的措施,直到局面再也无法挽回以前,一直被认为是极端的、过分残忍的。

一旦牧草绝迹,牛也就死光了。摩洛人食品短缺,不得不进口食品。但是由于失去了牛,意味着失去了两种出口货物之一,所以他们也缺少金钱。如果没有外部帮助,饥荒是必然的。

图13表示密码名为pmost611的参加者如何在这样一个大灾难中采取措施后所取得的结果。这里我们看到牛的数量(黑色正方形)如何显著地增长,而植被区域(黑色倒三角)并未保持相应的增长步调。第12年达到一个转折点,牛和草地皆受到正反馈的控制,全都开始消失。最低限度的可耕土地远小于养活摩洛族人的需求。在第18年,经历了一场大饥荒,实际上毁灭了全部摩洛人。

暂停一下,以便让我们确认,如果**没有**这一个参加者善意的努力,摩洛人或许能够继续在这个地区无限期地生活下去。他们的生活标准可能较低,但是他们也不至于饿死。

像这样一个仿真游戏,其典当物是一个虚构的饿死的民族,可能有点太过轻率,如果说不是恐怖的话。但是,在萨赫勒地区和埃塞俄比亚

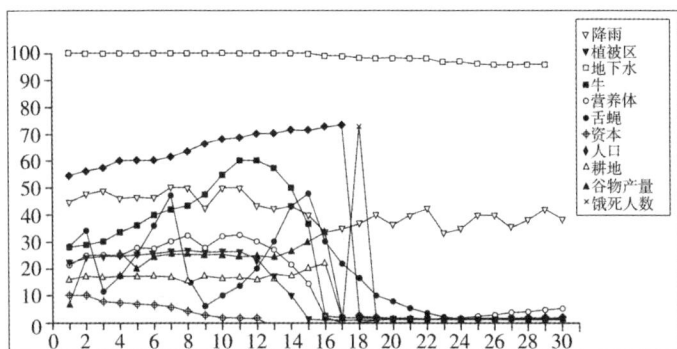

图13 牛大灾难

情况远比这里恐怖。在那里,像这些措施的牺牲者是真实的。

实验中的参加者,以构成这些模拟游戏的抽象数学结构出现,本不应该表现出某些行为,由其得出变量的语义外部标志。例如,参加者pmosc606的记录数据见图15。由于意识形态的原因,他拒绝做任何有损摩洛族领地生态的事情,因此他没有采取任何措施对付舌蝇,也没有钻一口井。倘若面对一个抽象的数学体系,他本不会有这些顾忌的。当这位参加者看到他保护生态的意图产生了破坏生态的结果时,被迫重新考虑自己的立场。在处理一个抽象的数学任务时遭到类似的失败,多半会促使他想起自己缺乏数学能力或其他诸如此类的原因。当他认为自己在生态学问题上知识渊博时,可能不会再有多少自豪感认为自己是一位数学家。

2. 地下水大灾难。当然,有这样一些参加者,他们小心地放牧牛,使牛群保持在与现有草地相适应的水平。如果他们能同时设法控制人口增长,不让人口增加过快——一种提醒摩洛人需要更多牛的情况——那么在相当长的时间里他们将能够维持稳定。新近打的水井为牲口饮水、浇灌谷物都提供了足够的水源。整个情况看来是美好的,似乎很稳定。

但是,在一些地点,水井出水量开始减少。因为现在既不可能停止灌溉谷物也不可能停止给牛喝水,唯一的解决方案就是钻更多的井。这一解决方案似乎更是显而易见,因为现有水井产水下降幅度较小,而且或许发生在降雨量比前几年少的年份。换句话说,因为指标不明显,因为很可能是气温和耗水量的临时性的变化(可能摩洛人这一年中牛数略多),水井出水量减少容易被解释为一种局部的变化,而忽视了它作为地下水供应不足的指标。

但是在这里,很快也感受到正反馈的作用。因为地下水供应实际上已经严重衰竭,新井只能加快其衰竭。不久,几乎所有的地下水被耗尽,水井实际上是干的,其结果与牛大灾难类似。草原缩小,牛破坏草地,等等。大灾难袭来,参加者甚感突然,因为他对多年来地下水供应逐渐减少,要么无所觉察,要么没有严肃地对待。(1988年春天北海的海藻蔓延,对许多人来说也不知来自何处。)

面对现有水井产水量下降而钻打新的水井,造成一个正反馈回路:水越少,我们打的井将越多,而出水将更少。地下水的衰竭产生第二正反馈回路:水越少则植被越少,饥饿的牛越多则破坏草地越普遍。结果是摩洛人的牛——他们主要的营养来源——一头头死亡,而摩洛人剩下的只是赤手空拳、饥肠辘辘。

图14表明这样一个发展的早期阶段,这位参加者已经创造出巨大的繁荣。在第19年牛群的规模超出了图的顶部,人口增长很快,资本充足。然而,大约在第22年,牛群开始下滑,而地下水从第13年起便已经在不断减少。植被土地的扩充在第20年达到稳定,谷物的收成增长太慢,解决不了全部居民的吃饭问题。我们不难看出这个故事将如何结束。但是直到这一刻,仿真实验留给这位参加者的感觉是,他生来就是要当一名第三世界国家的开发部长,因为在第30年实验结束时,对摩洛人来说事情仍然进展顺利。(参加者想,我们很容易扭转牛群的低

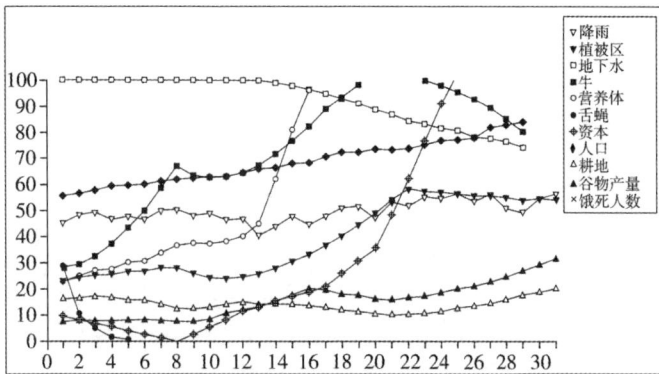

图 14　发展中的一次地下水大灾难

迷状态,只需卖掉少许即可。我们不缺钱,能够满足需要。再多钻几口灌溉井,使植被面积略加扩大,也肯定无损大局。)

3. 人口大灾难。一些实验参加者使牛群保持在一个恒定水平,谨慎地管理水资源,但仍然发现自己也碰到人口快速增长的问题,当其发展到危险的地步,他们也不能简单地随意"回避"。摩洛人现在的人口远多于从前,叫嚷着要更多的食物。怎么办? 或许我们应该屠宰更多的牛。或许我们不得不放弃出口肉食品和谷物。或许我们应该增加牛群的规模或者增加谷物的播种面积。两种措施都将需要更多的水资源,但是其中扩大牛群风险更大,因为这样往往不是产生一次地下水大灾难,就是产生一次牛大灾难。

图15给出了一个几乎是"纯粹的"人口大灾难的例子。从一开始这个参加者就决定不增加牛群,并允许舌蝇到处飞而不去妨碍其活动(虽然舌蝇的数量随着牛数目的减少而减少)。植被区没有增加,表明这位参加者未碰到给牧场额外提供灌溉的麻烦。耕作面积的确略有增加,但是这一增加仍然无关紧要,仅仅反映人口的增长。该参加者极力制订的唯一措施是给这里的居民提供医疗保健。但由于孤立行事,这

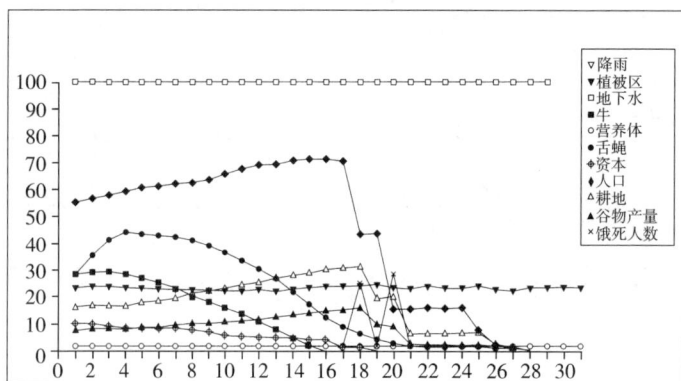

图15 一次人口大灾难

一做法损失惨重。增长的人口几乎立刻开始压倒其拥有的资源。终于,在第18、第20、第25和第26个年头,遭受了破坏性的饥荒——善意措施的最终结果。

一个基本错误可解释所有的大灾难:参加者中无人认识到他们在和这样一个系统打交道,虽然系统中不是每一个元素都与其他每个元素相互作用,但其中的确有许多元素与其他许多元素相互作用。游戏参加者们认为他们的任务是对付一系列问题,必须一次解决一个问题。他们不考虑特定措施的副作用和影响。他们把整个系统不**作为一个系统**,而作为一群独立的小系统来对待。而用这种办法对待系统就会产生麻烦:如果我们不关心现在尚不存在的问题,那么不久就会面临这些问题。

如果需要输出更多的货物来改进摩洛人的财政状况,我们就不得不饲养更多的牛。如果需要更多的牛,我们就不得不扩大牧场,而要如此就不得不打井。虽然问题是解决了,但这种解决只不过是产生了更多的问题。

如果钻井是为农民和牛群提供用水,那么我们鼓励这样一个谷物生产和畜牧生产的水平,供水略有减少便不能保持该生产水平。如果要使食品生产不受损失，水井出水量有一点减少就必须通过钻打更多的水井来补偿。多钻井导致出水量进一步减少，从而要更进一步多钻井。不久，几乎不存在的供水将既不能支持牛用水，也不能支持农作物生产。

如果我们改善医疗保健，人口就会增长，在一定限度内，这是一个人们所希望的改变。而且，这种改善只是使摩洛人生活得更好。但是从长远来看，更多的人口将需要更多的食品，其结果将影响牛群、牧场和地下水。

大多数参加者对系统和对系统中元素之间的相互作用缺乏全面的理解。然而，摩洛人游戏足够透明，当参加者们知道他们制造了大灾难时会认识到犯了错误。因此该游戏是一种有用的教学工具。仔细分析一下，每个人都能认识到，井中的水必然来自某个地方，如果要保持现状，水井中用掉的储藏水必须得到补充。

为什么参加者倾向于看到一群独立的小系统，而不是一个包罗万象的整体系统？他们孤立地对待分问题，一个原因是上一章描述的即时目标是他们的当务之急。牛用水不足是**现有的**、需要解决的问题。此刻，我们没有发现别的问题，为什么要考虑它们呢？或者说得更恰当一些，为什么认为我们应该考虑那些问题呢？

另一个原因是信息过多。参加者被给予大量信息，为了解决问题，他们必须收集大量数据并处理特定情况下许多方面的问题。似乎确实没有闲暇考虑那些并非燃眉之急的问题。

"这是环境问题"

把一个系统当作是一堆不相关的独立系统，此种方法一方面节约大多数认知能量，另一方面它必然忽视副作用和长远影响，从而必败无疑。如果对系统中变量之间如何相互影响一无所知,我们便不可能考虑这些影响。这个问题上一节已经讲清楚了。如果我们知道系统中各个变量如何相关联,显然更好。

图16以框图方式给出了一组关于这种关系的假定。这幅图是格林韦尔实验中一位参加者所作,如我们所见,该图考虑了格林韦尔系统中的许多重要变量:手表厂的生产力、手表厂的收入、失业问题、格林韦尔居民的满意程度、公共建筑和用地的维护、学校里学生的成绩水平、家长在学生的家庭作业上给了多少帮助、格林韦尔的流行病……

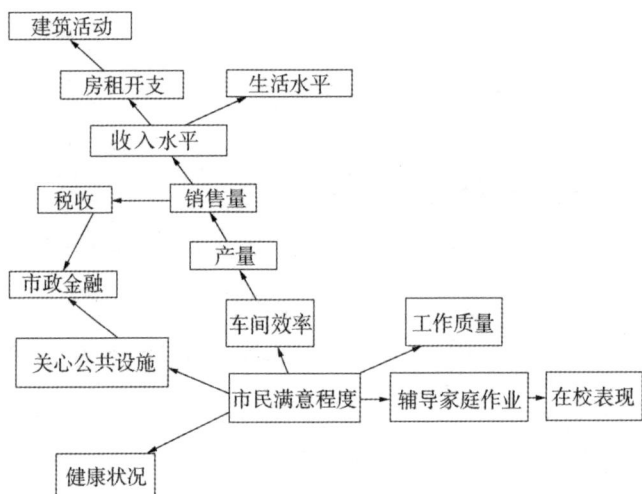

图16 格林韦尔实验中的一个"简化"假定

有意思的是该图的格式。整个相互作用网络可以追溯到一个点,即格林韦尔市民的"满意程度"。这一因素影响所有其他因素,而且是系统中占中心位置的唯一变量。如果市民心满意足,就不会经常生病。那意味着他们将会干很多的活儿,并且工作质量好,产量高。手表厂将能够出售许多手表,从而有很多收入。这样又可以创造更多的就业机会。而这意味着失业就会消失。这还意味着工厂可以发放较高的工资。工厂老板可以提供更好的公寓，于是楼房的数目开始增加。

好处不断出现。格林韦尔满意的父母们愿意给孩子们的家庭作业以相当多的帮助。于是孩子们在学校表现更好。因此，劳动者技术更熟练，产品质量不断改进。满意的市民爱护公共设施，不需要用毁坏公园长凳的办法来显示他们的本事。这意味着为修缮服务而设的公共基金是多余的开支。

单独来看，所有这些联系可能都是正确的。但如果看其中央集权组织，该假定作为一个整体则是判断错误的、危险的。这种简化假定，把所有的变量都与一个变量联系起来，自然具有一个整体假定正面的优点，因为整体假定包含了整个系统，因而受欢迎。但这种简化假定只在某一方面才具有效力，也就是说，它能减少认知能量的投资。在一个像图16那样组织的系统中，我们需要把注意力集中在何处呢？集中在一件事上，唯一一件事上：市民的满意程度。所有其他问题将随之迎刃而解。

除了能包括整个系统之外，一个简化假定具有便于处理系统问题的优点。在个体评估中，这一假定并没有错，但在总体评估中，这种假定是错的，因为它不完全。它没有考虑格林韦尔系统中的多种反馈回路，或者它没有考虑这样的事实：在这一个系统中，如同在许多其他系统中一样，我们不是在对待一个星状的相互依赖的网络，而是更近似于一个弹簧床垫的网络。如果我们拉伸一根弹簧，那么将牵动其他所有的弹簧，有的牵动得多些，有的少些。如果我们推压另一根弹簧，会发生同样的情况。不存在单一的中心点。并非每一点都是中心点，但有许多点是中心点。

更进一步仔细地考察一下，事情就会完全明白。例如，如果说父母是否满意取决于孩子们在学校的表现，而孩子们是否满意也在很大程度上取决于这一点，那么在"满意程度"、"对家庭作业给多少帮助"及

"在校表现"的连锁关系中就有一个正反馈回路。同样的条件我们也可能产生一个负反馈回路。市民的满意可能使得格林韦尔作为生活和工作的地方更具魅力。这可能从周围地区和别的城镇吸引更多的人到格林韦尔来,增加公共机构服务业的额外负担,消耗市府财政。这可能对生活质量乃至格林韦尔市民的满意程度有一种负面影响。

问题是市民的满意程度实际上包含在一个正反馈和负反馈回路的网络之中,而了解什么东西能使市民长期保持高度的满意终究不是一件简单的事。

图16所示的简化假定允许避开若干复杂的考虑。那便是简化假定在格林韦尔和别的地方如此普遍的原因。一种能够产生比格林韦尔任何失败更为骇人听闻结果的简化假定,是这样一种普遍的标新立异思想:各种各样像犹太教徒、耶稣会士、共济会会员那样的破坏分子削弱了德国军队,从而在第一次世界大战中单独导致德国的失败。还可以找到大量的其他例子。在20世纪50年代,每次特别严重的夏季雹暴都发生在该死的原子弹试验期间——那时核试验比现在更为频繁。如果海豹死于北海,那么北海的生态抑郁状态必然是出事的原因。[3]

在一部我很久前看过的电视剧里,要不是有一件事儿早就全忘了:男主角一天晚上乘坐有轨电车回家,电车行至一个弯道处,使得站在过道里的一位略带醉意的先生失去平衡,跌倒在男主角身上。他向对方道歉并接着脱口说道:"这是环境问题。"他不断重复着这个解释,当发现已经过了下车站,还是再次呼喊。只要我们放眼世界,就懂得克格勃或者中央情报局或者资本主义者或者任何什么人都是在拉紧所有的弹簧,政治世界也变得令人吃惊地易懂和透明。认为由于这种或那种原因推动他研究我们世界或至少我们社会的性质的人,及断定我们是生活在"汽车社会"或者"服务社会"或者"信息社会"或者"原子社会"或者"闲暇社会"的人,皆提供了一种简化假定,诱使我们由其推断出一种结构。

　　简化假定对于世界上所发生的事情给出过分简单化的解释，不仅说明了简化假定的普遍性，而且说明了它们的持久性。一旦知道是什么把世界真正黏合在一起，我们就不愿意放弃那种认识，并求助于由若干连接在并不一目了然层次上的变量所组成的一种不可测量的系统。不可测量性产生不确定性；不确定性产生畏惧。这也许是人们坚持简化假定的一个原因。人们运用多种托词反对合乎逻辑的论点或经验证据来维护他们宠爱的假定。

　　无限期地维持一种假定的极好方法，是忽略不适合该假定的信息。一旦我们面向满意的参加者（见图16）提出了他的假定，他就着手研究格林韦尔手表厂并发现其产量不高的原因。与其中心假定相一致，他的调查包括询问工厂各部门的蓝领和白领工作人员，问他们满意不满意。当一个（实验指导者所"模拟"的）工人抱怨工厂设备太差的时候，参加者回答说："是呀，是呀，但你的同事是不是与你一样也不满意？"这位市长从未回头讨论不良设备问题，而这实际上正是手表厂产量上不去的原因。

　　我们陶醉于提出的假定，因为我们设想它们给我们把握事物的力量。因此，我们避免将它们暴露于实际经验的光天化日之下，而宁愿只收集支持这些假定的信息。[4]极端情形下，我们可能想出精心制作的和固执己见的防御办法，保护那些决不反映真实情况的假定。

素数和旅游业务，或毛奇和森林火灾

　　法国律师和业余数学家费马（Pierre de Fermat），实际上是17世纪最重要的数学家之一，1640年他给同仁梅森（Marin Mersenne）写信，他提出了一个寻找素数（即仅能被自身和1整除的数）的程序。对0，1，2，

3……每个数,费马生成了"费马数"F_0,F_1,F_2,F_3……生成这些数的方法可以概括为如下公式:

$$F_n = 2^{2^n} + 1,$$

其中n的取值范围是任意数0, 1, 2, 3……举例来说,$F_0 = 2^{2^0} + 1 = 2^1 + 1 = 2 + 1 = 3$,$F_1 = 5$,$F_2 = 17$,以及$F_3 = 257$。注意,这些数不断增大;这种趋势继续下去,随着n增大,费马数变成巨大的数。读者可以证明,无疑费马本人也进行了证明,前4个费马数确实是素数。但是,倘若费马再算下去,他会很快发现,不是所有由他的公式产生的数都是素数。若n = 5,则$F_5 = 4\ 294\ 967\ 297$,这不是一个素数,正如瑞士数学家欧拉(Leonhard Euler)在1732年证明的那样。(数字如此之大,当然用算术是很难计算的。)

费马在此犯了一个过度概括的错误,这是表述假定时一种很普遍的错误。我们找到第一个例子,它有某些特征。继而发现第二个,有同样的特征。然后发现第三和第四个例子,也有同样的特征。于是我们就断言:每一个可想得到的这类例子都将有同样的特征。

用概括的方法将抽象概念形式化,是一种基本的智力活动。如果没有把遇到的多种不同的现象放在一起分类编目,我们便不能开始对它们进行处理。对于每次我们都不得不把面前看来像其他东西却认定为椅子的物体,如果每次我们必须确定它是否真是一把椅子,那么我们在日常事务中就什么也别干了。我们需要一个抽象的"椅子"概念,它使我们无需进行复杂的思考,而是以一把椅子的印象简单运作,观察在我们面前是否有一个具体的例子。

仅在某种事物的少数例子中就能识别出共同特征,然后据此将其表述为一个抽象概念的能力是非常有用的。缺乏这样的能力,我们将被遇到的各种现象所压垮。我们需要一个抽象的"椅子"概念,使我们忽略其套子的颜色、其覆盖饰物的布料、做椅子腿的材料等等,而判断一个客体的"椅子属性"仅根据它是否有四条腿、一个坐面和一个靠背，是否所有这些部件具有适当的比例和相互关系。

我们的思想世界通常并不特别丰富多彩。我们的思想是灰暗的轮廓线，甚至像玫瑰花一样鲜艳的东西，其精神影像的强度也不能与对一朵真实玫瑰的颜色和轮廓的感觉相比。我们可能对此感到遗憾，但它自有优点。这些虚构的、简要的构想代表各类等价物。它们的简要特征允许我们将非常不同的玫瑰（或灯或铅笔或茶杯）看作大体上是相同的。

少数几个例子常常足以给我们提供对某事物的概括了解。4个例子曾足以使费马相信他已发现了一个产生素数的**通用**程序。

在表述分类时，实际上基本的问题是撇开"不重要的"特征而强调"重要的"特征，这种智力活动的危险性很严重。一个必要的推广可能容易演变为过度概括。通常，我们事前没有机会检验已经提出的概念是达到正确的概括程度还是成为一个过度概括。

在格林韦尔实验中，一位参加者获得了一些促进旅游业的满意结果。建造了几座旅馆，鼓励实行提供住宿和早餐的制度，已经吸引各方游客，相当程度上总体改善了该市的财政状况。

成功的经验留下了一个不可磨灭的标记。参加者相信，"促进旅游有利可图"。但这个抽象表述只是根据一个成功经历而作出的过度概括。他促进旅游业所以成功，仅仅因为这一活动与环境中有利的格局相一致：格林韦尔当时有人可以将自己的精力投入旅游事业，而且当时也已经存在来自格林韦尔之外的对旅游事业的需求。但是，参加者在表述他的抽象概念时并未注意到那种局面。他所记录的一切仅仅是一个普遍的"如果……那么"准则的成功："如果促进旅游业，那么我早晚会有更多的存款。"

这种"去条件"概念——这一概念排除了它所依赖的条件情境——

将参加者导向灾难。当他后来的某些失误把格林韦尔推向破产的边缘时，他将所有可用的钱都投资于大规模的旅游活动。但是由于以前曾使旅游业有利可图的条件已经不复存在，所投资的钱没有产生明显的回报。英国心理学家里森(James T. Reason)认为这种错误是"相似匹配"的普遍倾向，即对相似而不是差异作出反应的倾向。

参加者的行为也许是一种极端的情况，但并非不真实；它的确完全可以理解。

在具有许多连锁元素的复杂系统中，去条件抽象是危险的。一种措施的有效性几乎总是取决于实行该措施的情境。在一种情况下可能产生好效果的措施，在另一情况下却可能产生破坏作用。情境依赖性是指几乎不存在可以用来指导我们行动的普遍准则(即不管周围条件如何依然有效的准则)。每种情况都必须重新考虑。

系统中由情境决定策略的一个好例子是"火灾"模拟游戏，用的是由乌普萨拉大学布雷默(Bernd Brehmer)开发的一个类似的游戏程序。游戏中，"消防局长"必须管理12个消防队，以便使尽可能多的树木，更重要的是使尽可能多的村庄免遭森林火灾。现在是一个干燥的夏天，任何时间、任何地点都可能突然发生火灾。借助于卫星，消防局长可以勘测整个地区，通过无线电向他的部队发布命令。例如，他可以命令消防队快速赶到某一确定地点，继续独立监视火情(在他们的可视范围以内)，灌满水箱，在一定的范围内巡逻，用自己的力量扑灭火灾或在无法灭火的情况下设置防火障，如此等等。消防局长还可以随时得到有关部队现状的信息(手头的存水量，现在的任务等)。

本游戏中消防局长的主要特征是，他可以采取的大多数措施仅在特定情境下才有效。在一组环境条件下，某项措施可能是恰当的。在不同的环境下，也许正好需要相反的措施。有时候，有利的办法是把所有的消防队都调到一起并保持集结状态，而有时候，让他们分散开来才有效。

如果我们希望消防部队在小火蔓延开来以前很快将其就地扑灭，那么，分散队伍是一个好主意。如果没有风使火蔓延，且整个保护区相对消防队的数目来说较小，这种策略才有意义。另一方面，如果实在无法覆盖整个地区，或者风力太强，使任何火种都迅速传播，那么，把消防队集中在一处是有意义的。在后一种情况下，许多消防部队必须迅速集中于发生火灾的地点，进行有效的战斗。

有时，与一个蔓延的火灾正面作战有利。如果我们人多水足且火势不太大或风力不太强，这是恰当的策略。但是，其他的时候，从侧面与火灾作战，并让火势沿其主要方向蔓延可能更好。如果火不大风不强，而我们只有少量消防队可以救火，这种策略是合适的。侧面作战，至少可以在一定程度上引导火势；而在不利的环境下实行正面作战，既无效也危险。

如果不得不与两起火灾同时作战，有时有利的做法是派遣部队分头作战，假定我们有足够的部队、足够的水，而且这些消防部队离这些较小的着火地点足够近，能迅速赶到现场。但有时候，放弃一处着火点，而把资源集中于另一处可能更好。这种情况下，我们将不分散部队而是把他们集中在一个火灾现场作战。这种战略适合的场合是，我们缺少灭火部队，如果到另一个失火现场的距离远，如果我们的水不多，还有，如果风把另一处火势吹向不毛之地，火在那儿将自行熄灭。

这样，消防局长在某些情况下需要一种策略，在另一些情况下需要正好相反的策略。一个明智的决策总是取决于所给定的条件格局，而要作出该决策，消防局长必须考虑部队现在的位置、风向、火势规模、部队所携带的水的数量、不同部队单位的行进速度，以及他们必须覆盖的区域。试图在这样一种系统中使用一般性去条件措施，终究会失败。像"消防队任何时候都应该广泛地分散在整个地区"这样的原则，因太一般而没有什么用处,根据它所采取的措施在多数情况下是错误的。这里的行动原则更多应是这样的类型:"若A和B和C和D,则有X。但是,若A和B和C和E,则有Y。以及,若A和F和C和D和E,则有Z。"

这种情况无疑是19世纪普鲁士陆军元帅毛奇(von Moltke)伯爵所想到的,他写道:"策略是一套权宜之计。它比一门科学更为丰富,是将知识应用于实际生活,是在不断变化的环境下进一步确立一种独到的指导思想,是在最苛刻条件的压力下行动的艺术。……这就是为什么由那些权宜手段导出的一般原则(准则),以及基于这些准则的系统,不可能有任何策略上的价值。"[5]

毛奇关于战争策略思维的想法,总的说来适用于处理高度相互依赖的系统。将各种准则系统化、形式化,掩盖了行动要不断适应情境的需要。一组环境条件下一项明智有效的措施,当条件变化时可能成为危险的行动过程。我们必须追踪变动不居条件,而决不能将自己对一种情况所形成的印象看作永久不变的。万事万物皆变,因此我们必须与之适应。但是,适应特殊环境条件的需要与归纳并形成抽象行动计划的倾向背道而驰。我们这里有一个例子可以说明人类智力活动的一个要素如何既有用又有害。抽象概念对组织和驾驭复杂情况是有用的。不幸的是,这种优越的条件诱使我们过于随意地运用概括和抽象。在进行一种概括前,我们应该考虑这样做是否有足够的根据。在把一个抽象概念应用于一个具体情况之前,应该进行"策略上"的详细调查,以决定它是否适合于情境。

惨淡的思想

像这样,在决断的本来面目之上
就涂上了一层惨淡的思想的病容,

而品质伟大与当机立断的雄才大略

便因为这一种顾虑而走偏了方向，

再不能以行动见称。*

——《汉姆莱特》(第三幕第一景)

无论是谁,若拥有大量信息,考虑很多,并通过思考增加对情况的了解,对作出明晰的决策,将不是减少而是增加了麻烦。在无知者看来,这个世界很简单。如果不必大量收集信息,我们很容易形成一个对现实的清晰图景,并据此作出明晰的决策。

在我们拥有的信息量和我们的不确定性之间,有时甚至可能存在着正反馈作用。如果对某事一无所知,我们可以对其形成一个简单的图景并据此进行工作。然而,一旦收集到一些信息,我们便陷入了麻烦。我们认识到还有多少仍然不知道,并感受到获得更多信息的强烈欲望。因此我们收集到较多的信息,只能使我们更加敏锐地意识到自己所知是多么少……

不确定性和不安全性的自我强化感,或许可以说明许多论著未能完成的原因。当我们收集到越来越多的信息,对已经形成的准确的世界图景的信念便逐渐被怀疑和不确定性所取代。酸雨真的是森林死亡的原因吗？什么造成了酸雨？只是汽车排出的废气？如果不是,还有什么呢？树根系统实际上是如何工作的？作物和树木究竟如何吸收营养呢？

我们知道得越多,便越清楚地认识到自己的无知。这也许可以解释为什么政治家中间科学家和学者那样少。也许还能解释为什么许多机构坚持采用将信息收集部门和决策部门分开的做法。企业总经理有

---

* 引自曹来风译《汉姆莱特》第77页,上海译文出版社1979年第1版。——译者

办公室主任;总统有顾问委员会;军队司令官有参谋长。这种分开做法的意义是当决策者被迫作决定时,其他人可以很好地为他提供所有可用信息的概要,而决策者不会被过多的细节干扰。无论是谁,当他获得丰富信息时,能看到的远不止概要,因此会发现要作出明晰决策极端困难。

如果我们能知道一段时间内所发生的事实的全部内容,或者至少是一切重要的内容,那么这种信息收集和不确定性之间的正反馈就不会发生。那时,我们见多识广,能够延长我们可能作出的任何决策的所有可能的效果。但实际上,我们很少会得到完备的信息。我们不知道某些变量的状态,因为对于我们来说,它们是看不见的。怎样才能迅速收集到某地区地下水供应的准确信息? 怎样才能知道1997年有多少汽车车主将动身到何地度假? 如果对手们对自己的意图严格保密,我们怎样才能知道他们下一步要干什么?

不确定性和信息收集之间的正反馈,可以解释为什么人们有时故意拒绝接受信息。据说七年战争前,腓特烈大帝(Frederick the Great)拒绝听取有关奥地利和俄罗斯推行炮兵部队现代化的信息。[6]另外,据说希特勒(Hilter)入侵波兰前,故意不理睬一份报告,该报告谈到如果德国攻击波兰,英国就要严肃考虑援助自己的盟国。

新的信息常会搅乱局势。一旦最终作出一项决策,我们便解除了自己背后作决策的不确定性。而现在某人出来告诉我们一些事情,对已作出的明智决策又提出了疑问,所以我们宁可置之不理。

冯·德·韦特(Rüdiger von der Weth)设计的一个实验的结果,非常清楚地展现了在收集信息和准备决策之间的这种逆变关系。[7]冯·德·韦特实验中的参加者必须在有限的时间内,学会如何操作一台能将天然的"锂"加工处理成可销售产品的复杂机器。机器通过"锂合金"加料,泵入4个分隔的处理器的发动机里,而每一处理器相应于一个生产阶段。4个生产阶段由锂通过机器时被处理成的4种形态所表示:锂粉末、锂碱液、锂焦油和锂合金(可以回收到机器的燃料系统)。4种形态的锂产品皆可出售,每一生产阶段参加者可以选取一定数量的锂产品出售,而其余的继续通过进一步的处理。

通过调整发动机的速度,调整处理器及排出阀门的设置,实验参加者控制生产,以便获得尽可能大的效益。为达到这一目标,参加者可以调整各个处理器的参数,可以关闭一个或同时关掉更多处理器。(操作这个模拟机,不需要进行事前技术培训。)

排气系统起着特殊的作用。发动机所有的喷射物都被收集在一个容器里,并可以通过催化过程进行解毒处理。这种处理比较昂贵,从而降低了机器的收益。废气也可以不先经过解毒处理而排放到大气中。

参加者的任务是设置机器的若干参数,尽可能产生最大的收益而同时对环境造成最小的负担。这些目标当然是矛盾的。另外,参加者必须在有限时间内取得大量的不仅关于技术问题而且关于经济问题的信息。

图17中的左图表明,坏参加者在本实验前5个阶段中作出的决策明显多于好参加者,而右图表明,坏参加者所提出的问题明显少于好参加者。简言之,坏参加者,至少在实验较早的各阶段,表现出不愿意收

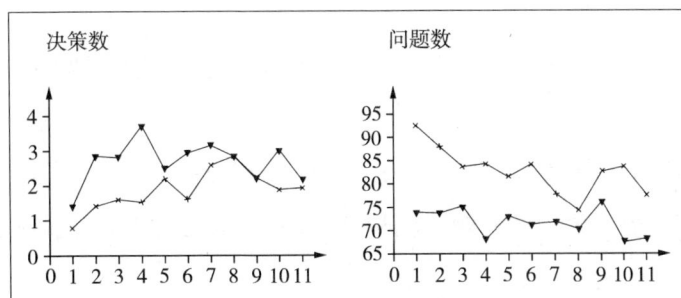

图17　冯·德·韦特实验中好参加者(+-+-+)和坏参加者(▼-▼-▼)提问题和作决策的数目

集信息而热衷于行动。与之相反,好参加者最初行动很谨慎,并尽量获得一个坚实的信息基础。这样,我们在这里清楚地看到一个收集信息和乐于行动之间的逆变关系。收集到的信息越少,行动的愿望就越高。反之亦然。

这种行为有它的后果。图18记录了好参加者和坏参加者在实验过程中对生产和喷射物解毒处理所给予的关注程度。从图中明显看出,好参加者显示出一个清楚的注重点和一个清楚的注重点转移。他们最初把注意力集中在生产上,而后在实验的第二阶段中,转移到对周围环境影响的最小化上来。坏参加者没有清楚的注重点转移,他们在整个实验过程中对环境问题的关注明显少于好参加者。

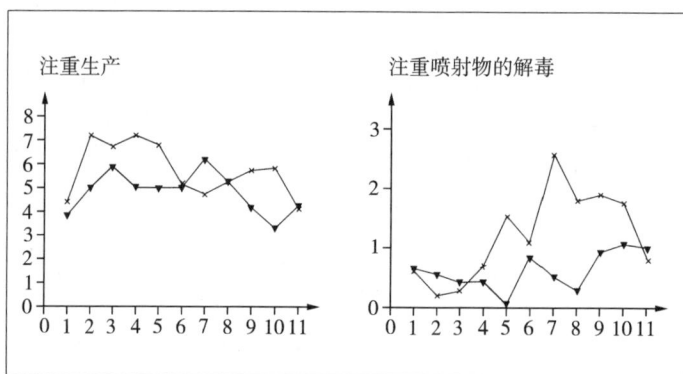

图18   好参加者(+-+-+)和坏参加者(▼-▼-▼)关注的领域随时间的变化

然而,成功、信息收集水平和乐于行动之间的关系,也可以与锂实验中的情况相反。图19表示格林韦尔实验的8个阶段中,作出决策的数目和提出问题的数目。本例中,与坏参加者相比,好参加者作出更多的决策而提出更少的问题。就是说,这里好参加者的行为表现与锂实验中的坏参加者类似。

为什么? 在我看来,差别在于时间约束不同,在锂实验中时间约束要紧迫得多。在两个实验中,好参加者都收集了**足够**的信息,供自己作

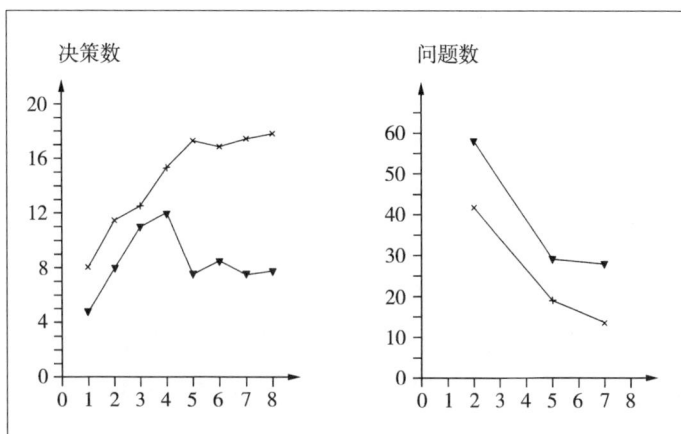

图 19　格林韦尔实验中好参加者(+-+-+)和坏参加者(▼-▼-▼)提问题和作决策的数目

出必要的决策。坏参加者对锂实验中时间压力的反应是,拒绝收集信息而跳到行动阶段。但是在格林韦尔实验中,坏参加者对无时间压力的反应是收集过多的信息。过多的信息引起不确定性,不确定性促使他们收集更多的信息,而那些信息更加阻碍了他们进行决策。在第四阶段后,坏参加者所作的决策数目是下降而不是上升,印证了这种解释。

　　这两种行为模式是同一硬币的正反两面。我们与不确定性进行斗争,要么采取基于极少信息而草率行动的办法,要么采取收集过多信息的办法,但过多的信息妨碍我们的行动,甚至可能增加不确定性。我们遵循这些模式中的哪一种,取决于是否有时间压力。

　　收集信息和增加不确定性的正反馈旋转木马,并不会永恒地旋转。如果在某一情况下我们实际上有足够的信息,却不能令自己满意,那么最终只好认输。我们简单地停止这种游戏,因为它给我们带来了越来越多的不确定和忧虑,以及越来越少的行动能力。我们可能听任自己进入完全懒散状态,或者屈服于不合理,并将行动建立在直觉的基础上。足够的合理性——所有这种信息收集都毫无用处！听一听你的心告诉你一些什么，让直觉做你的向导！（这就是说你将不会准确地知道什么是你的向导。）

我们可以采取"水平飞行"，紧缩到一个小小的、舒适的、有回家感觉的现实角落，就像经过社会工作训练的格林韦尔市市长那样，最后把所有的注意力集中于一个有困难的孩子身上。或者我们可以采取"垂直飞行"，使自己摆脱难对付的现实，把现实塑造成更为协作的形象。独自在内心操作，不必再对待现实，而仅仅处理我们偶然考虑到的问题。我们随心所欲虚构喜欢的计划和策略。我们必须极力避免的唯一的事情就是重新恢复与现实接触。

无论谁，若对研究这样一种情况——屈从所致的麻木、拒绝收集和分析信息、歪曲信息和突发的狂热行动等，所有这些同时发生——感兴趣的话，他应该读一读戈培尔（Joseph Goebbels）在第三帝国的末日里所写的日记。[8]在那里我们发现"垂直飞行"变成了关于对腓特烈大帝、伊丽莎白女王（Czarina Elizabeth）和七年战争最后阶段的幻想。我们还发现"水平飞行"成了对不再有任何重要性的日常琐事的关心，对设计新的军人勋章的关心。我们最后发现，完全撇开对道德的考虑，制定残酷无情的军事措施毫无意义。

第五章

时间序列

时间和空间

我们在一个四维系统中生活和活动。除了空间的三维之外,这个系统还包含第四维——时间,它沿一个方向运动,这个方向指向将来。我们从时间和空间来识别形态。我们与椅子、桌子、房屋、汽车、街道以及树木同处,空间结构随时间的变迁相对保持不变。另一方面,一段优美的旋律是时间结构的一个例子。它随时间而延伸,一系列的音调间的关系构成其特性。在处理空间结构的问题时,我们很少有什么麻烦。如果我们不能完全肯定自己在看什么,可以再看一遍,来解决不确定性。我们通常可以一遍又一遍地观察空间形态,用这种办法精确地确定它们独特的结构。这对时间结构不适用。仅在回顾时,才能考察时间结构。

但是生活迫使我们努力认识时间模式。商业必须注意销售、市场和生产的趋势。任何策略性规划必须考虑随时间的演变。气象学家、地震学家、人口统计学家、政治家、保险业者和保户以及任何攒钱造房子或买房子的人(名单很长),他们作为预言者甚至先知者,或多或少有所成功。他们面临的挑战是当时间结构展开时必须识别它们。

下午天色已晚,我坐在办公室里,喝着咖啡,跷着二郎腿,盼望着在家里度过一个宁静的夜晚。我回顾着一天发生的事,反省在一次教员会议上就分配教室的问题所发生的激烈舌战。同事A相当激烈地攻击同事B的想法。B的朋友同事C尖锐地进行了反驳,对A相当粗鲁……然后……突然,我想通了这一次口角的"逻辑"。A攻击了B,而C在反驳中侮辱了A。这种侮辱给其他在场的人留下了坏印象。因为这事,C减少了自己获胜的机会,使他后来在会上提出的说服力不强的动议未获通过。他需要那些出席会议者的友善态度以获得胜利,而这恰是他已经丢弃了的东西。然而,C的动议与A的兴趣发生冲突。因此,也许我所目击的事件是A巧妙设计的策略。他利用了C反应过激的趋向。

只有现在,我回想这次会议的时候,才能将某种结构强加于事件序列:同事A运用了经考验被证明是好的辩论策略"使你的对手不冷静;然后他大概会犯错误"。显然,时间结构是随时间发展的。当它们只完成一半时,我们不能确定地预测它们最终的形态会是什么样子。在众多发展事件的时间线上来回跳动,忽而窥视未来,思索可能会发生何事、忽而窥视过去,回顾已经发生了哪些事,这也是困难的。空间结构可以全部被觉察而时间结构不成,这一事实或许可以很好地解释为什么我们识别、对待空间结构的能力远比在时间结构方面强。

由于我们不断地接触到整个空间结构,就容易以这种观点思考问题。例如,我们知道,要确定停车场是否拥挤,要到不止一两个地方去了解。在空间形式方面的经验,也使我们对于"缺少部分"有一个强烈的直觉。如果展示出一个不完全的空间模式,我们通常能够识别出它是不完全的,并常常知道如何根据对称(和非对称)、循环以及类似的概念使其完善。

相反,我们常常忽视时间结构,并将动态发展的各个相继阶段视为若干个体事件。例如,随着每年入学人数增加,学校上课的人多了,可能首先增加一间房子,然后另一间再加到现有的校舍里,因为他们没有看到时间的发展,必须再建造一座校舍。即便是在时间结构方面进行了考虑,我们的直觉也很有限。尤其是我们猜中缺少部分(本例中指将来的发展)的能力远小于空间结构。与用于理解空间模式的丰富空间概念相反,我们似乎仅能依靠少数几种预言机制洞察未来。

一种基本的机制是**从当前时刻外推**。换言之,当前使我们最感愤怒、烦恼或高兴的方方面面,在我们对未来的预测中起着一种关键的作用。例如,1979年石油短缺促使生物化学教授、科幻作家阿西莫夫(Issac Asimov)预言,1985年全世界对石油的需求将超过其产量。(事实上,自20世纪80年代初期以来,扣除通货膨胀的因素,汽油价格便开始下降,意味着一种健康的供大于求的关系。)

从当前时刻外推会同时出现两个因素:第一,对当前显著特征的关注有限;第二,以一种或多或少是线性的及"单调的"方式扩展已觉察到的倾向(就是说,不考虑任何方向的改变)。若当前时刻的特征很顽固,带来的危险是,将太多的重要性归于现在的环境条件。例如,台风季节一个旅游者在香港八成会以为水难即将来临;然而,任何一个当地居民都认为大雨在全年的天气中并无什么不寻常。若固执地认为未来发展是线性的,可能妨碍我们预测方向和速度的变化:纯线性地外推一个6岁女孩的身体生长情况,对她的身高将产生荒唐的预测结果,比如说,40岁时的身高。

本章我们最关心的是,人们如何形成自己关于将来的思想。如果我们能够识别人在对待时间和认识时间模式中遇到的典型困难,那么就可以想出办法来克服这些困难,并改进我们在时间上的直觉。

睡莲叶子、稻米粒和艾滋病

孩童以及不少成人会对下面问题的答案感到吃惊。在一个具有130 000平方英尺(1平方英尺＝0.093平方米)水面的池塘里长着一棵睡莲。早春,睡莲长出1片叶子,而每一片睡莲叶子覆盖1平方英尺的水面。1周后睡莲有了2片叶子;再过1周成了4片。16周过后,池塘水面的一半被睡莲叶子覆盖。再过多长时间整个池塘将被睡莲叶子全部覆盖?

如果我们假设睡莲将继续以一个不变的速度扩展,那么,只要再过1周,池塘将被全部覆盖,因为到目前为止,睡莲叶子所覆盖的水面都是每周翻一番。像这样似乎很清楚的问题,依然会难住许多人。他们争辩说,如果睡莲叶子覆盖池塘一半的水面就花了16周时间,又究竟如何能仅在1周内就覆盖另一半呢?

其次,还有一个关于国际象棋的发明者及其主人——一位印度国王的故事。当发明人把他的游戏器具赠送给国王后,国王许诺要给他一份恩赐。这位发明人可以从国王的宝库里选择一件他喜欢的任何东西。

发明人对国王以恩人自居来接受他的成果感到特别讨厌,于是他想出了一条妙计进行报复。他提出要一件非常普通的酬劳品。不是金子,不是珍珠,也不是报酬丰厚的挂名职务。他所要的只是一点稻米——棋盘的第1格放1粒稻米,第2格2粒,第3格4粒,第4格8粒,依此类推,放满棋盘上所有的格子。

国王欣然答应如此廉价的要求,并暗笑发明者的糊涂,竟然只要1碗稻米。但他很快便明白,1碗稻米远远不够。宫廷数学家做的粗略计算也很快表明,发明者"非常普通"的要求不可能得到满足。单单最后一个棋格,将需要 2^{63} 粒稻米,即大约 9 223 372 036 000 000 000 粒稻米。假设60粒稻米重1克,总共约有1530亿吨稻米。再从别的角度看,如果一只货船能装载5000吨,那么这些稻米总共能装满3100万只货船。而这仅是棋盘上最后一格所需的稻米。倒数第二格需要的自然少得多,大约只有 4 611 686 018 000 000 000 粒,仅是最后一个格子所需的一半。将国际象棋发明人所要求的酬劳称为"丰厚",至少也是一种保守的说法。

但是,发明人的精明没有国王的天真有趣。国王显然不能够认识某种发展的特性——指数增长。一个数量被说成是呈"指数"增长,是指它的值在任何时候(或对棋盘上的任何一格)都是前一个值乘上特定的数,每次都是这个同样的数。在睡莲叶子和稻米粒的故事中,这个数都是2——睡莲叶子覆盖的水面和稻米粒的数目都是每一步翻一番。[注意,指数增长与线性增长截然不同。在线性过程中,一个量每一步增加相同的**数量**而不是相同的**倍数**。例如,假设一个10磅(1磅=0.4536千克)重的猫突然开始长大,每年体重增加1磅。在这一过程的第一、第二和第三年的年底,它的体重是11、12和13磅;体重的增长**数量**是一个常数。但是在同样的三段时间内,它的体重增长的**倍数**是11/10≈1.1, 12/11≈1.091, 13/12≈1.083。如果猫继续不断增加体重,这一倍数将趋于1——但永远达不到1。当猫的体重很大时,所增加的1磅就显得微不足道了。]

我们所给出的指数发展的例子看来也许不太真实,也许我们可以理解人们在预测睡莲惊人的增长结果时,在预测机敏的发明者的酬劳结果时,存在着困难。但是,即使采取一个更加平凡的形式,指数增长的神秘性依然存在。

度量指数增长的另一种方法是用该量相对它的前一个值增长了百分之几表示;这一百分数称作**增长率**。例如,上述的睡莲叶子和稻米粒均有100%的增长率。"增长率"把我们带向熟悉的利率、通货膨胀率及其他类似的词汇。棋盘最后一格所需的稻米现在可以表征为最初投资的一粒稻米在100%的利率下63个周期后的获利总数(第1格获利相当于最初投资,第2格获利相当于第1周期后的本金,而最后第64格获利相当于第63个周期后的本金值);这个量现在可以根据标准复利公式进行计算。[1]

不幸的是,我们有理由相信,转变成增长率、投资和收益的语言,并未使得指数增长更容易处理。许多心理学实验已经表明,我们没有办法处理非线性时间结构是一种普遍现象。在一个实验中,我们给参加者的任务是估计100年的时段内6%增长率的收益是多少。任务表述如下:

> 一个小型拖拉机厂的管理部门相信,如果要保证长期存在,就必须以6%的年增长率进行生产。1976年,该厂生产了1000台拖拉机。不用复杂的计算,请估计一下:为了保持这一增长率,该厂在1990年、2020年和2050年分别必须生产多少台拖拉机?

图20表示该实验估计的平均结果:参加者大大地低估了实际上所需要的增长量。我们可以从这些结果得出结论:例如,当一篇文章报道说美国联邦储备银行期望美国经济能以每年2.5%的速度增长时,普通报纸读者并不懂得这条信息是什么意思。他以为自己懂,其实不然。

人们甚至发现估计过去的发展似乎也是困难的。心理学家比克尔(Andrea Bürkle)对实验参加者给出了20世纪初,也就是摩托化早期年代的石油冶炼的数据。[2]她还告诉他们,自从那时起,石油生产一直保持着恒定的指数增长。换句话说,石油生产一直按照复利公式增长。比克尔问她那些受过学术训练的参加者是否懂得这个公式,他们回答说懂得。接着,比克尔请他们估计一下20世纪开始以来石油生产的增长量。图21表示其结果，他们又一次大大地低估了实际情况。

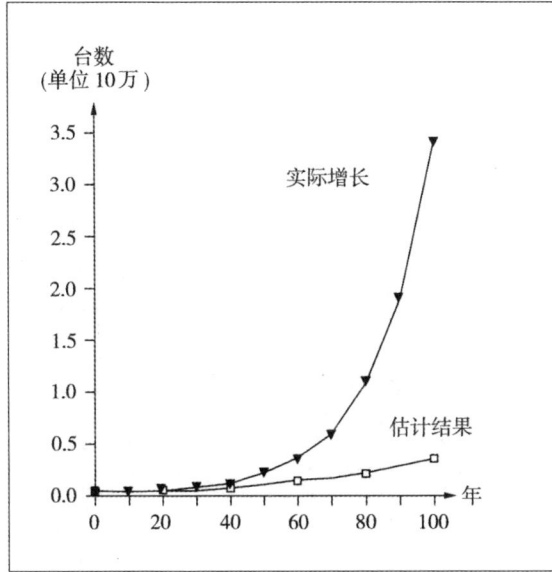

图20　6%增长的平均估计和实际过程

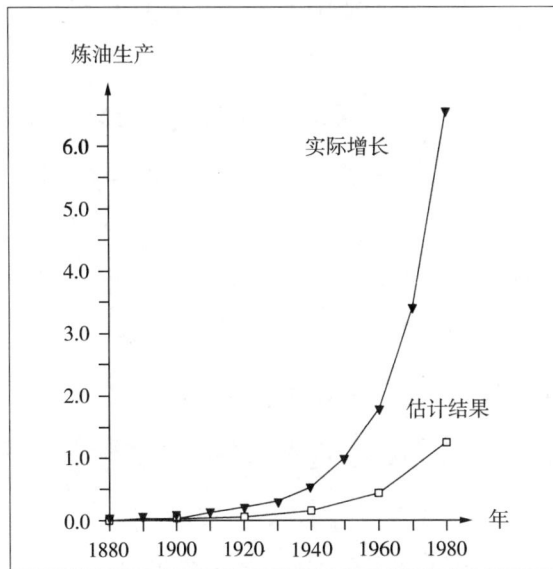

图21　1980年前炼油生产实际增长和估计结果

睡莲叶子、稻米粒、假想的工厂以及过去的石油价格等,可能不很重要,但艾滋病不仅对于那些病患者,而且对于需要为研究工作和照料病人提供资金的社团和政府机构,都非常重要。然而,我们也发现,人们不知道指数发展可以是一个爆炸过程。

1985年,一篇冷静的和经过深入调查的报纸文章的作者就艾滋病蔓延问题指出,到当年9月2日为止联邦德国已报告有262例艾滋病患者。[3]而8月中旬,该数字曾是230。患者中有109人死亡。作者在文章结尾提出一个问题:与死于癌症、交通事故、心脏病的人数相比,这是否不算是个小数目。这里我们又一次看到印度国王的暗笑:谁会将这一点点稻米放在心上呢?

当然,患病人数增加的速率远比现在患上这种疾病的人数更为重要。现在的真实情况如何,实际上并没有将会发生或可能发生何种情况那样重要。在时间结构中,发展的特征远比现状如何更有启迪作用。但是当我们对待一个发展的情况时,常常不懂得最好把注意力集中在情况如何展开上,而不是情况的当前状态上。

在撰写那篇文章的时候,艾滋病的增长率大约是每年130%。图22表示1988年联邦德国艾滋病的发展曲线。到1987年底,130%恒定增长率的假定提供了很好的预测。从1987年底开始,增长率似乎有所下降。

一种流行病仅在其早期阶段才会有一个恒定的(或几乎恒定的)增长率,随后增长率必然下降。现在我来解释这是为什么。对于艾滋病,我们不可能真正知道这一"早期"阶段会持续多长。如果130%的增长率持续较长时间,我们将会看到某些令人恐惧的后果:根据报纸上所报道的262个病例,5年内会有16 863个艾滋病病例,而10年内会有1 085 374个!(这些数字是根据复利公式计算出来的。)[4]

正如我们预期的,复利计算得到的数字千万不能忽略,这些数字表

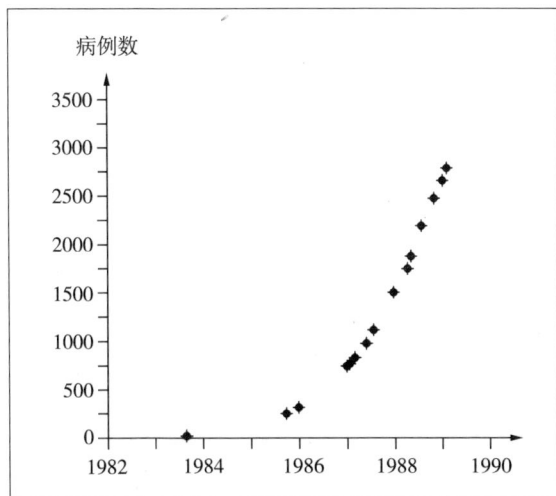

图22　联邦德国1988年底前艾滋病病例累计数

明我们必须一直重视发展中情况的过程特征。即使这样,我们仍然可能错失机会,未能看到这种特征。

　　1985年底,一家德国报纸编辑部收到两封信,对艾滋病的流行趋势作出截然不同的预言:一封来信的作者根据自己的计算推断:"即使最坏的预言能够实现,从我们最初知道艾滋病到2000年期间,患上并死于艾滋病的总人数,也少于一年中死于心脏病的人数。"另一封信指出,倘若最坏的预言实现,那么2001年将会有47亿人,即目前世界总人口患上艾滋病。[5]两种预测的过分夸张都是错误的。

　　另一家报纸在1985年底称,到1985年11月底联邦德国仅报道了340个艾滋病病例,并说这种流行病"并未(传播)到以前所认为的那样令人害怕的程度"。[6]我们可能只是想知道是什么促成了这种说法。如果我们回想9月初报道说有262个艾滋病病例,接着到11月底(就是说3个月之内),仅增加了不到30%。换算过来就是每月增长9%,年增长率183%。

显然，正如我们的心理学实验一样，在这些真实世界的艾滋病传播估计中，人们对非线性增长的判断往往出现严重错误。既没有报纸记者也没有读者适当地理解一种发展——至少在一段时间内——呈指数关系变化。不幸的是，事实的复杂性甚至比简单的指数增长更为复杂。仔细研究艾滋病的例子，揭示了当我们试图解释现实世界中的时间过程时，需要考虑的一些其他问题：有限资源、领先和暂态效应。

早熟的人什么都清楚吗？

1988年12月1日星期四是世界艾滋病日，许多德国报纸登载了乐观的报道："艾滋病的蔓延在联邦德国也减缓下来。""抓教育值得：艾滋病病例的数目锐减。"[7]第一条消息指出，自1982年开始保存艾滋病记录以来，联邦德国一共报道了2668个病例。加倍的周期已由1984年的8个月上升到1988年的13.5个月。（直觉地，也是恰当地来讲，较长的加倍周期相应于较慢的病例增长率。）[8]

这类报告报道的观点有：更加谨慎的性行为，对静脉传播的注意，联邦政府教育工作的努力，人们对传染病的畏惧，或所有这些因素一起引起艾滋病蔓延的减速。但是，这也可能是一个错误的结论。艾滋病流行教我们在估计时间结构时要小心谨慎，要考虑许多因素，包括如下一些主要因素。(1)一种疾病不会在有限的人群中无限期地以指数关系蔓延；其增长率必然要跌下来。(2)假设一种疾病**首先发现**的病例真是最初的病例，可能产生一种人为的高初始增长率，这种增长率随后在流行过程中必然下降。(3)忽略一种疾病从感染到完全发作的时间间隔，以及不同个体之间这一时间间隔有所不同，也可能产生一种人为的高初始增长率，这一增长率随后也必然下降。艾滋病流行确实减速了吗？

我们通常对"减速"的理解,是某一个量随时间而变小。在艾滋病流行中什么量变小了?因为减速的概念通常在报纸的报道中不作解释,所以读者认为艾滋病病例或者单位时间HIV感染的数目在变小。这正是我所引用的第二篇报道标题表明的意思。

但是,减速的这种解释绝不是说就有正当的理由——至少艾滋病不是这样。[9]单位时间出现的新病例根本没有下降,下降的是**增长率**。就是说单位时间里出现的新病例**相对于**已经存在的病例数的比例,已经下降了。只有当我们知道已经存在的病例数目后,增长率才能给出绝对的艾滋病病例数目。至关重要的问题是,增长**率**的下降决不表示病例或受感染的**数目**下降了。

10%小于300%。但是从10个艾滋病人增加到40个(30个新病例)代表300%的增长率,而从2500个增加到2750个病人(250个新病例)却仅代表10%的增长率。换句话说,低增长率可以伴随一个合计起来大数字的新病例。这当然是一个很清楚的问题,但是必须要提醒我们中的许多人。

澄清了我们所说的"减速"是什么意思以后,我们可以回过头来分析艾滋病流行的过程。我们首先注意到,流行病增长率的减速**必然**要发生,而且它可能并不反映疾病的感染情况或人们的行为方面有任何改变。已经受到感染(因此不再会**被**感染)的人数不断增加说明了这个原因。图23表明HIV感染在一个由1000人组成的假设群体中是如何扩散的,其中每月有20%的人改变性伙伴,而该群体中某人与HIV患者同居并受到传染的概率是80%。[10]

图23中的实线反映受到传染的人数的增加(由左边的标尺度量)。我们在这个简单的模型中看到,受感染的人数加速递增,只有在达到饱和点的时候才减慢下来。但是增长率(虚线"w",用右边的标尺度量)不断下降,从16%开始,第35个月急剧下降,而最后,第80个月降

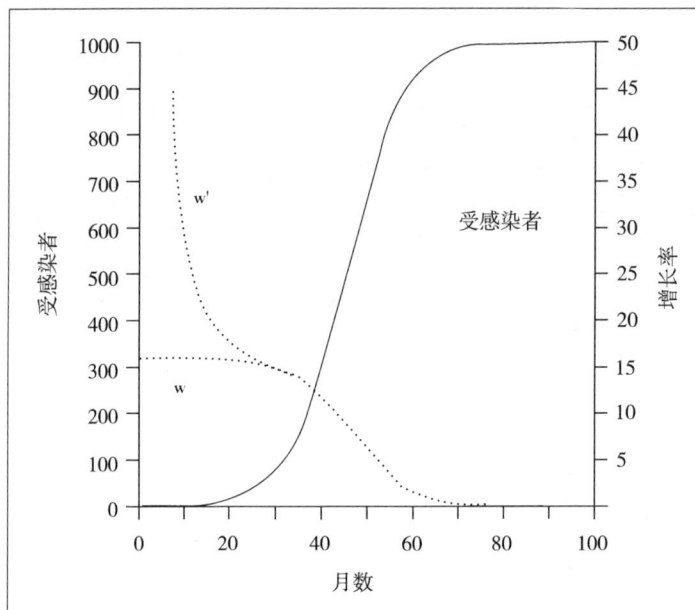

图23　HIV病毒感染在一个1000人组成的假设群体中的扩散

为0。

　　这样，复利公式对于传染病研究仅有有限的用途，因为这里假设每一个受传染的个人再把疾病传染给他人和他所参与的传染活动的频率成正比。但实际上，传染模式不可能一成不变，因为当疾病扩散时，一个传染病患者在一次"传染活动"中与另一个已经受传染的个体接触的情况会越来越频繁地发生。单单这一个因素，就将引起一个封闭群体中的增长率稳定地下降，直到最后达到"0"，这时整个群体都已受到传染。

　　然而，这个表面上没有问题的增长率计算中，还存在第二个陷阱。如果要正确评估下降的增长率，我们必须牢记这点。假定1983年某人发现了一个诊断艾滋病的过程，而当年我们登记了一个确定的病例数目，比如说16。次年，我们可能发现了18个新病例，总数达到34。我们记得,增长率是增加值与原来值之比,以百分数表示;此处的增长率是新病例占老病例的百分数。因此,增长率是(18/16)×100%=112.5%。是不是?

"真正"的增长率可能低得多,因为事实是1983年开始确诊艾滋病,绝不是说此前根本不存在艾滋病病例。确实存在而未被发现,或在回顾的时候仅发现少数病例,如此等等。假设1982年已经存在100个艾滋病病例,1983年发现的16个病例实际上只是新病例,那就意味着1984年的增长率没有超过100%而只是15.51%〔(18/116)×100%〕。15%和112%之间的差别不算小,当实际的增长率不到16%,而我们却错误地推断为112%,就上了自己的大当。

如果取任意一个增长值作为初始值,并根据此数值来计算增长率,那么我们将首先大大高估了过程速度,因为我们将不需要考虑过程的"领先"问题。当早期的研究工作者开始研究艾滋病流行的时候,可能发生这种过高估计。一旦他们知道了这种疾病的时候,他们所发现的首批病例便被认为是新的病例。当时,他们没有能力确定什么是领先问题。图23中标为"w'"的曲线表示如果我们取最初的增长数字作为初始参考点所得到的增长率的变化情况。我们可以看到在过程的开始阶段,这种"增长率"如何截然不同于实际的增长率。不考虑领先问题可以解释为什么增长率锐减。

这样,下降的增长率决不表示已经开始实施任何防范措施,或任何行为方面的改变。例子中,我们对改变性伙伴和整个时间段受感染的概率都赋予常数值。只有在我们能够证明增长率的改变与我们期望的增长率常规下降的路径偏离甚远时,只有在我们能够确认计算不存在所谓的领先效应时,增长率的改变才会反映行为的改变。

最后,要正确判断艾滋病流行的减速,我们还必须注意,感染艾滋病后症状并不是立即就表现出来。病情完全发作通常要经过相当长的时间,并且时间的长短因人而异。目前估计这段时间平均为8—10年。即使群体中的一部分人大约在同一时间染上HIV病毒,各个受感染者并非在同一时间而是在某一特定的时间段内发病。例如,1978年1月遭受病毒感染的一组人中,较短时间后只有个别人发病。但是平均来看,直到1987年这一组人作为一个整体才突然发病。而且某些病毒携带者经过很长时间才发作。这个疾病发作的时段,将对该疾病的增长率最初产生所谓的"暂态效应",使增长率人为地偏高。[11] 产生这种效应是因为在流行病传播的开始阶段,某一时刻的病例数由两种人构成,一种人感染病毒后经过平均时段发病,另一种人感染较晚但发病时间较平均时段早。由于这种原因,发病人数在开始阶段比后来增长速度要快些。

记得前面曾讲到,因为加倍的时间变长了,我们就说流行病的扩散减速了。在1984年,艾滋病病例的数目每8个月翻一番,而1988年每13.5个月翻一番。这种加倍时间的变化究竟意味着多大的减速呢? 如果加倍的时间由8个月增长到13.5个月,那么每月的增长率便由9.05%下降到5.27%。而年增长率则由182.8%下降到85.2%,这是一个相当大的变化幅度。这意味着什么? 决不反映行为的改变吗? 是否可能仅仅是我们通常所期望的速率的下降,而没有任何行为的改变? 下面我来尝试解决这个问题。

图24底部的坐标轴代表1978—1992年的时间段。小十字符号表示联邦德国*艾滋病病例的累积数,是我从报纸报道中跟踪收集到的。每一个十字所代表的值是左边相应坐标值乘以10。例如,1989年11月底,约有2660个艾滋病患者;而1983年6月,只有43个病例。

1983年以后,病例数目迅速增加。通常对这种加速的解释是"指

---

* 1990年10月3日后,民主德国并入联邦德国,德国重新统一为德意志联邦共和国。此处的联邦德国特指原西德区域。——译者

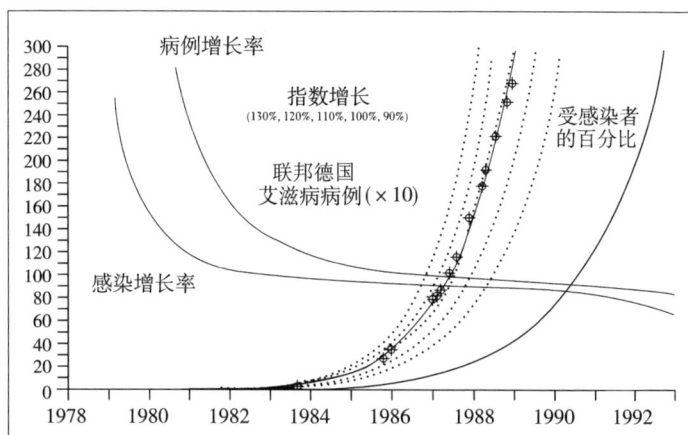

图24　联邦德国艾滋病发展的新闻报道和本文的模拟计算

数"增长,但我们知道指数增长中增长率是常数,不随时间变化。因此,一种传染病不可能在一个有限的人群中指数性地扩散,尽管在其初期可能看起来呈指数增长。的确,如果我们把由十字表示的数据点连成的曲线与指数增长曲线(由虚线表示,自左向右代表130%、120%、110%、100%和90%的年增长率)进行比较,可以看到它不能精确地与任何一条指数曲线相符合(虽然根据一个恒定的110%的增长率预测现在的艾滋病人数,将会是一个很不错的预测结果)。

所有这些指数增长率都表现出比艾滋病传染更快的加速度,即使对于代表"慢"的增长率为100%和90%的曲线也是如此。起初,这些曲线比艾滋病病例数目上升得慢,但接着它们很快赶上并几乎达到与艾滋病传染相同的速度。如果我们继续延长这些曲线,会看到所有这些曲线上升的速度,都比表示艾滋病病例的曲线上升的速度迅速得多。因此,艾滋病的传染不呈指数扩散。在行的人从不认为艾滋病呈指数扩散,因为正如前面所述,只有在可用的"资源"完全无限的时候,才可能发生指数增长。在有限的人群中间,流行病的增长必然是比较慢的。

然而,为了确切地判断艾滋病流行的减速,还必须考察其他因素。

我们已经看到在流行病的初期,领先效应和暂态效应可以引起显著的减速作用。被报道的艾滋病扩散速度的下降对这些效应起多大作用呢?除了领先效应和暂态效应引起的减速作用外,是否它还反映了公共健康事业方面的努力所产生的影响?

作出近似于1978年真实情况的少数几个初始条件的假设,我们将作出联邦德国人中间艾滋病流行过程的纯统计预报——无需消除领先效应和暂态效应,无需假定感染行为的任何改变——并与实际数据进行比较。假设1978年1月1日联邦德国在"濒危"的3 000 000人中间有46人染上了艾滋病,假设每个月有11.6%的人寻找并且找到一个新的性伙伴,假设一个未受感染的伙伴与一个已经受到感染的人同居,被感染的概率为35%,再假设从受到感染到发病的平均时间是96个月。运用这些假设,模拟艾滋病在假设人群中的扩散,我们就得到如图24所示的发展结果。[12]

图24表示模拟人群中HIV感染人数的增长率和艾滋病发病人数的增长率,两者都由图中右边的标尺度量。(注意,由于我们是根据开始的增量得到增长率而没有考虑领先效应,所以增长率起初相当高。)1983年6月,病毒感染的年增长率是100%。艾滋病的增长率约为125%,与大约10.25个月的加倍时间相一致。(1983年初,增长率大约为140%,加倍时间是9.5个月。后一个数字与德国报纸报道的1983年加倍时间是8个月不大相符。我们的结果表明8个月的加倍时间大约发生在1981年底。因为我们的数据与经验的病例数字符合得相当好,我们不会过分担心自己对1983年数据的推导过程,特别是因为这些年来有关艾滋病的所有数字都很不准确。1988年底,我们给出的艾滋病的增长率约为90%,这一数字与大约13个月的加倍时间相一致,而反过来这与广泛报道的数字相一致。)

正如我们所看到的,增长率绝不是常数,而是永远随时间变化的。

开始时增长率似乎较高,反映领先效应,约在100%处变平,而最后进一步下降。艾滋病的增长率起初显著地高于HIV感染的增长率,但后来两者接近平行,这一点很值得注意也很重要。这种模式说明了暂态效应。

图24中的实线给出模拟的艾滋病患者的累计人数,与代表实际艾滋病病例的十字符号所构成的曲线几乎完全一致,这条曲线是我们得到的最重要的结果。我们运用一个艾滋病流行的模拟过程得到这一曲线,其中未给行为改变留任何余地——性伙伴的改变率和(受"安全"行为影响的)感染率在模拟中的任何时候都未变化。实线表示的减速——与实际的艾滋病流行过程(用十字符号表示)很接近的一种减速——是我们研究的三个统计过程的单独结果。这样,必须把得艾滋病的人数理解为一种**不经历什么延迟效应**过程的结果。

46个染上艾滋病的初始人数,濒危人群规模(3 000 000),11.6%的性伙伴改变率,以及53%的感染率等,都是任意设定的参数。但是,我们不应该将未获保证的显著性归咎于这些初始参数。能够准确地模仿联邦德国实际的艾滋病病例的累计增加很重要,不是因为它说明我们任选的参数就是实际中的参数,而是因为它表明,当今艾滋病病例的数目不一定反映由外部环境(诸如在处境危险的人群中改变他们的行为等)引起的一种延迟效应。相反,我们的数据支持这样一种演变假设:这种演变到目前为止根本没有任何延迟效应,而仅仅服从它本身的自然减速。这里不存在什么可以慰藉的理由。[13]

如果没有别的东西,我们应该从这些考虑中拿走的只有一个结论,即不能仅仅根据大小来解释数字。要理解数字代表什么意思,必须考虑产生这些数字的过程,而这并非总是容易的事情。

外行和专家

到目前为止,我在本章主要描述了某些个人所作的努力,他们并非专业地从事试图计划未来事件精确图景的工作。但是现在,我们应该看看由另一些人或研究机构所作的预测,他们的义务或工作就是认识时间结构。

图25表示预测联邦德国汽车数量的几个例子。粗黑线代表实际的发展;较细的虚线代表预测的结果(并指明作出每一预测的年份)。直到1983年年中,实际的发展显著超过各个预测(唯一的例外是壳牌石油公司的预测壳牌 1979/1981)。事实上,大多数预测在提出一两年后就被证明是错误的。

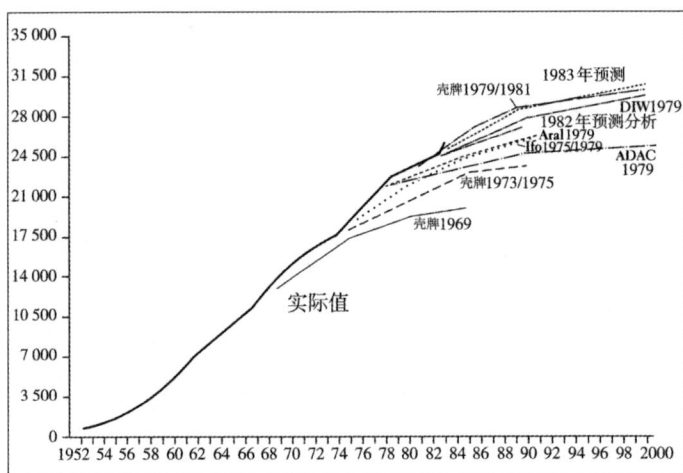

图25 联邦德国汽车数预测和1984年前的实际发展

早在1983年中期,联邦德国小轿车的数量已经达到仅在4年前(1979年)ADAC(全德汽车协会的简称,相当于美国的AAA——美国汽车协会)勉强为2000年预报的数字。正式的预报人员,像我们的实验参加者一样,显然不能准确地预言而是远远低估了这种发展。

为什么? 就解决此类问题而言,根据肯定比主要根据像"感觉"之类东西的实验参加者更为理性的那部分人,如何解释这些严重错误呢? 为什么科学研究机构简直像是外行,低估了增长速度?

一个答案在于得到这些预测所使用的方法。专家们作出预测的一种方法是收集有用的数据并找到一个数学函数(通过选择合适的参数)拟合这些数据。如果得到了一条拟合曲线,他们就可以把所选函数得到的将来的时间点所对应的值作为预报意见。

他们是在运用一个表示为数学函数的过程模型进行外推。这种方法有点像是外行的方法。当实验参加者开始预测拖拉机厂将来的产量时,他们也是以某种模型开始的,主要根据未来是线性发展的假设并进行"加速度矫正"。

外行和专业预报员之间的差别,部分在于他们可用的模型的范围不同。外行人员一般知道(并主要根据)线性发展模型。专业预报员知道数学增长函数的一个宽得多的范围,并能够选择看来最合适的一个函数模型。不同于外行,专家是**有意识地**作出选择——不是盲目地根据"感觉"或"直觉"来选择。

尽管专业人员有这种有利条件,为什么他们的计算有时仍偏差甚远? 因为即使是专业人员,感觉仍然在起作用。如果几个数学函数看起来几乎同样合适,他们该选择哪一个? 选择了一个函数后,如果不同的参数产生几乎同样的结果,他们又该使用哪些参数呢?(例如,在艾滋病流行初期,任何有迅速上升特性的数学函数似乎都符合事实:问题是选择"正确的"函数和"正确的"参数。)

这些疑问表现出专业人员思维的致命弱点,此处是心理学很可能开始起作用的弱点。这里我说的"心理学"是指"感觉"和"直觉"。在图25表示的汽车数量预测中,"事情决不能再这样下去了"的感觉很可能起了某种作用。一个数学家不得不花上15分钟搜寻一个停车位,这为什么不会对他或她选择参数和函数发生某种影响呢?有了这种体验后,汽车数量继续增长看来是不可能的。

然而,我对专业预测所讲的内容不应该被误解为是对预言者的抨击。我不知道商业或工业预测一般会多少好或多少坏。我只是想要人们注意此种心理弱点,其影响即使对理性的专业预测也难以幸免。

"28是一个吉利数字"

在获得时间结构的一个恰当图景中所碰到的困难,必然使我们有效地处理各种时间结构问题的努力复杂化。在不得不面对不是按照很简单的时间模式运作的系统时,我们便陷入了严重的困境。

至此,我所给出的例子仅是单调的时间序列,其发展方向始终保持不变。但是看一看实验参加者如何处理某些表现出改变方向的发展,对我们来说是有益的。其方向的改变要么是采取振荡方式,要么是采取突然逆转方式。赖歇特(Ute Reichert)进行的一项研究,生动地阐明了出现的这类问题。[14]参加者收到的说明如下:

> 想象一下,如果你是一个超级市场经理。一天傍晚,看门人打电话告诉你,乳制品贮藏室的制冷系统好像坏了,大量的牛奶和奶制品有变质的危险。你急忙赶到商店,在那儿看门人告诉你,他已经与公司总部联系过了,他们已经派出了冷藏车来准备把这些易变质产品运走,但是车要几个小时后才能到。在他们到来之前,必须防止这些易变质产品变质。
>
> 你发现这个出了毛病的制冷系统安装了一个调节器和一个温度计。调节器还在工作,可以用来影响气候控制系统,从而影响贮藏室内的温度。但是调节器上的数字与温度计上的

数字不相符合。通常,调节器设置得高意味着高温,设置得低代表低温。但是你不知道调节器和制冷系统之间的严格关系,而你必须找出这种关系来。调节器的设置范围介于0—200。

参加者的任务是校准调节器,使它能在贮藏室产生一个4℃的稳定温度。但一开始,他们必须找出调节器的设定如何影响温度。

这个设置的关键在于,气候控制系统对贮藏室的温度不是立即作出反应,而是有**延迟**。例如,房间的温度开始比我们(通过调节器)设定的温度低,中心系统将对房间加热,但遗憾的是,当温度已经达到我们的要求后,它还将继续加热几分钟——也就是说,系统对室温的反应有5分钟的延迟。这种延迟在普通系统中很常见,也许我们大多数人最熟悉的例子是住宅自动恒温器,需要一定的时间才能使室温稳定下来。起初温度太低,接着太高,然后又太低……

信息的每一次传输都需要时间,而这些"死时间"有一个重要的后果:产生振荡。实验中,如果我们根本不对调节器做任何校正,贮藏室的温度变化将如图26所示。该图表示调节器固定设置在实验规定的初始值100,那么室温最终稳定在12℃。

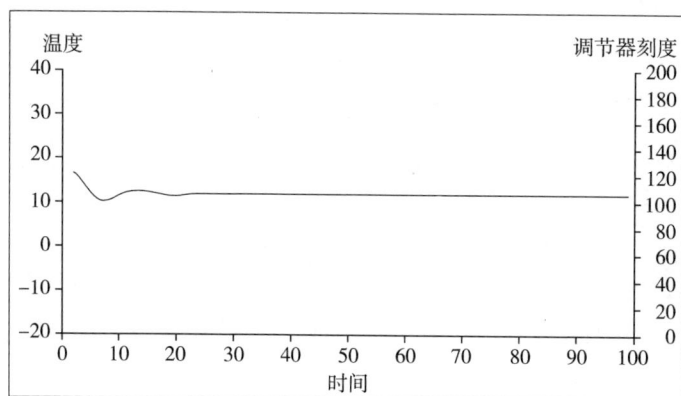

图26　无干预情况下贮藏室的温度

实验参加者寻找调节器正确设置的工作,可以通过对调节器进行实验,并观测一个已知的设置对温度的影响来完成。但最有效的策略是给调节器一个设置不动,确定贮藏室温度振荡时围绕的那个常数温度;这个温度将对应于调节器设置的正确温度。然后对调节器的设置改变某一确定的数量,直到可以确定新的常数温度。知道了老的和新的常数温度,我们就可以容易地计算调节器的效应。

因为该系统振荡,我们不必关心那些个别的温度值而要注重常数温度或平均值,系统温度围绕这个平均值振荡。但是参加者要提出这种见解有很大的困难。

他们往往代之以假定温度和调节器之间是一种瞬时联系,以为对调节器作了一个校正后所观测到的温度是新设置**即刻**的结果。对一个时间延迟起作用的系统来说,这是一个错误的假定。但是参加者要摆脱这一念头所碰到的麻烦没完没了。经过100分钟,最后参加者总算设法接近了4℃的目标值,但他们的表现远不是最理想的。

实验参加者设想的贮藏室温度对调节器的反应方式,就像煤气火焰对打开气阀的反应方式一样——即刻响应。但是随着时间的推移,他们学会了使贮藏室的温度达到一个比起不进行干预而自发达到的更加可接受的水平。

图27("冷藏室实验中参加者行为的几个例子")表示几种不同的行为。时间尺度标在图的底部。温度曲线用左边的标尺度量(虚线表示目标温度);小三角代表参加者对调节器的设定,其数值由右边的标尺给出。

图27a表示一个良好参加者的行为。他在校正调节器之前总是等待相当长的时间,结果是慢慢地为正确的设置发展出一种感觉。他逐渐降低设置,最后取得了成功,使贮藏室达到所需要的温度。

参加者27b不很成功,虽然他最后也得到了正确的温度。他干预

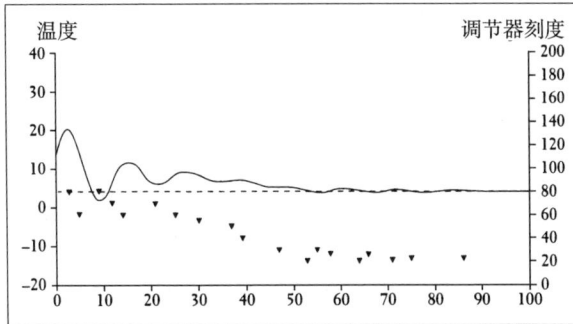

图27a 温度调节实验一

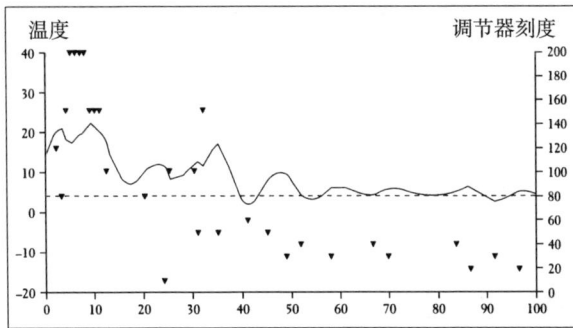

图27b 温度调节实验二

得太频繁,故丧失了观察贮藏室温度振荡如何与调节器设置发生关系的机会。但最后他偶然发现了正确的策略,使贮藏室温度达到所要求的目标值。

参加者27c有所不同,在前30分钟的过程中,他显示了一种对很多参加者来说是典型的"花环行为"。如果温度过高,他就把调节器往下调整。这使温度下降过多,所以他把调节器往上校正。但随后温度又过高,他就再一次把调节器往下调,如此反复。我们可以从图中看到,在时间坐标0—30分钟之间的曲线上形成了两个花环。接着出现了一个较长的阶段(大体位于30—40分钟),该参加者根本没有任何行动。然后进入发狂的干预阶段,再基本上恢复"花环"原则。最后他看来是

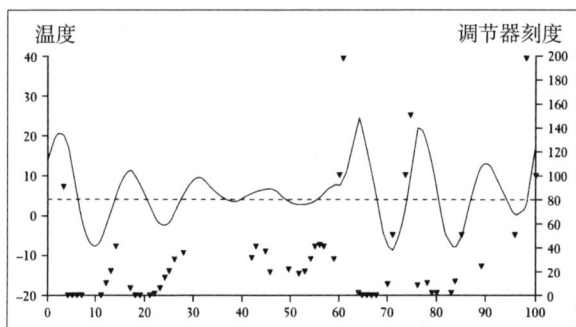

图27c　温度调节实验三

绝望了,设置在几乎整个0—200的范围内跳动。有时候,尽管温度已经很高,他却选了一个更高的设置。这表明他已经,至少在某些阶段,不再相信高设置产生高温度,低设置产生低温度的使用说明。他显然已经开始寻找温度和调节器设置之间的其他关系,这当然没有成功。实验后一半时间的平均温度偏差,比起参加者不作任何干预所能达到的平均温度偏差,要大得多。

　　参加者27d表现出一个极端形式的行为。他几乎立即陷入了程式化,在调节器标尺极值之间来回校正。他的行为遵循一个简单的原则:"如果温度太低,那么将调节器设置到最高点。如果温度太高,则将调节器设置到最低点。"

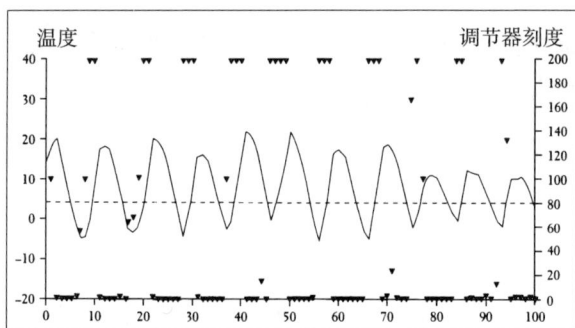

图27d　温度调节实验四

代表相同干预的一串串三角形特别有趣,它们表示他不断地在同一水平设置调节器。这完全没有必要,因为没有参加者主动地干预,调节器是不会改变设置的。并且,参加者可以看见现在的设置是多少,是因为这种设置一直显示在他面前的监视器上。

例如他把调节器设置在200,尽管调节器已经处于这一设置水平而且这一设置显示在计算机的屏幕上。为什么有人会做那些已经做过的事情呢?或许是因为无能为力。参加者觉得应该做点什么,因为温度是各种可能的值而不是最佳值。但是他不知道该做什么,所以就不断地重复已经做过的事。他通过做点什么而不是什么也不做表明自己绝不是无能为力,屈服于系统的各种不可思议的工作方式。(参加者27b在实验的开始阶段表现出类似行为。)

参加者在正确地理解支配系统的基本的简单规律方面存在的困难,清楚地显现在他们提出的关于温度和调节器之间相互联系的若干假定之中。这些假定——通过参加者在实验期间边想边说的磁带录音得到——可以分作三类。第一类也是最大的一类,由"魔法"假定组成。例如,参加者说:"28是一个吉利数字。""120好像合适。""97是个好设置。""奇数好。""你不应该用10的倍数。""100是个好设置;95不好。"

魔法假定或许是根据局部经验作过分推广的结果。一个参加者偶然将调节器设置到97,上升的温度跌下来了。已知系统的性质,这种介入与观测到的效应几乎没有关系。但是这位参加者乐于把它们联系起来。他注意到他的设置和温度向正确方向的改变之间的关系,并且据此进行了推广。对他来说,数字不再是标尺上的格点;它们已经各具特色并被赋予魔力了。至少在他眼里,这些数字现在是"精灵",它们把一种神秘的生命吹入这一可怜的、原始的系统。

第二类假定看来有点像这样的说法:"增量5和增量10有不同的效

果。""把增量10改成增量1产生一种影响。""关键的问题是1和50之间,50和1之间的间隔。""设置成系列0、1、2、3,这样好。""降低温度要设置成50、150和200的系列。"

这些假定很有意思,因为它们展现了一种要考虑系统时间延迟的倾向。但它并不是系统真正的时间行为,而是参加者所关注的自己的行为。它不是有意义的个人的介入,而是多次干预的后果。这种假定是错误的,因为调节器单一的一次设置——事实上设为23——将使贮藏室的温度变为目标值4℃。但是无论如何,这些假定至少涉及过程,因此触及了情况的一个重要方面。

这一系列假定产生于简单假定的"条件化"。如果一个参加者一旦使自己相信"95是一个吉利数字",但是后来看到调节器设置在95而温度对目标值的偏离在增大,那他也决不拒绝数字95的善意。他要做的只是引入某些特殊条件,在这些条件下95仍然保持是一个吉利数字。例如他可以假定,只要你以增量1继续向它逼近,95仍将是一个吉利数字。

这一过程可以无限扩展。如果一步加1校正调节器到95而结果不成,那么我们可以假设应该从80开始这个序列,然后从那儿一步加1向95前进。如果这一次也不对,那么仍然可以拯救前面建立的假定的结构,再增加更多的条件:在开始从80向95单步渐进前,首先必须连续轮流3次将调节器设置为1和50。

如此等等!

这种"渐进条件化"使我们长时间维持这些假定,并且当然会使假定的结构变得更加复杂和笨拙。但是这也有其长处。例如,如果某特定的一系列步骤不产生所需要的,而严格按照规则就应该产生的效果,那么这些规则的复杂性允许我们把失败归咎于必然是在例行程式中的某处犯了错误。这样我们可以继续相信这个程式全然适合解决问题,要做的只是正确地执行这个例行程序。此时我们的行动几乎全部脱离外部条件。我们不再对外界究竟发生什么事情给予任何关注，所有要紧的东西就是这个程式。

参加者只在游戏的早期阶段建立这类程式。频繁告诉他们收到的对其行动效果的负反馈，防止他们消磨任何精心制订的程式。在某些情况下，负反馈不太频繁，作用和负反馈之间的时间间隔较长，我们可以期望程式化作用逐渐由亏转盈。这种繁茂增长的种子，在这里的第二类假定中，是显而易见的。

除了这两种形成假定的模式——根据局部经验推广和局部经验渐进条件化达到程式化——外，还存在第三种模式："必须将调节器设置成高值来降低温度。""高的设置产生低的温度。"

提出这些假定的参加者，不再信任说明书或实验的指导者，而怀疑自己是某种恶意骗局的受害者。他们可能已经听说，调节器低的设置会产生低的温度，而高的设置会产生高温度。但是现在，他们已经看穿了这整个臭设置。他们认为真实的情况与此恰恰相反！

这第三种假定在某种意义上是一些"元假定"。这些假定意味着参加者世界观的一场革命，对整个实验结构产生怀疑。试图在调节器和贮藏室温度之间建立某种假定的联系完全是白费时间，这些参加者已经发现根本不存在这种联系。他们现在的工作是彻底调查这种说明书骗人的真相。如果说明书是假的，那么其他一切也都可能是假的，比如说什么调节器仍然对温度起着某种控制作用也是假的。这种对于实验真正性质全面的怀疑，在一篇反映参加者对解放和屈从见解的论文中，可能达到了顶点："调节器的设置对于温度绝无任何影响。"一旦参加者形成了这样的看法，他们就不需要再为这一问题麻烦自己了。

请记住，本次实验的参加者是在较好的条件下工作的。他们收到贮藏室温度的连续报告，可以按照自己的意愿进行干预。在真实世界中,各种系统很少有这样短的延迟时间,很少能给我们提供它们的行为随时间变化的完整信息。这就是说,我们在贮藏室实验中所观测到的倾向,在实际中还会显著得多。在现实世界中,人们更倾向于过分推广局部经验,程式化,并相信没有可合理理解的原则在起作用,相信自己是某种低级恶作剧的愚弄工具。

捕食者和被捕食者

振荡是时间序列改变方向的一种方式。另一种同样普遍的现象是一个随时间变化的发展,其方向突然逆转。经济的增长被经济衰退打断。多年畅销的产品突然无法走俏。总是保持固定水位的河流突然干涸。一直生长良好的植物突然死亡。1987年10月19日股票市场暴跌是这种方向突变的一个很好的例子。

当然,这些斗转星移般的变化有多种原因。在生态学、生物学和经济学领域,我们发现若干系统具有良好的缓冲余地,它们可以承受大量的滥用。但在某一点,太多就是太多,如同一个多年来吸收过多酒精的肝脏,持续罢工。

"大灾难"似乎突然袭来,但是实际上祸根早已种下。在必须支持有利发展的背后,未被注意的力量逐渐侵蚀,直至系统最后根本无法再坚持,完全崩溃。捕食者和被捕食者系统是对貌似方向"突然"转变良好缓冲系统的简单而容易理解的例子。

捕食者(例如,猞猁群体)以被捕食者群体(比如驯鹿)为食的生物学系统常常表现出循环发展。如果条件对于被捕食动物有利,那么其群体迅速扩大。反过来这为捕食者群体创造了有利的条件,捕食者群体也得以迅速扩大。但是现在,对于被捕食者群体来说,事情当然很糟,它的许多成员被大的捕食者群体吃掉。但是,吃尽了被捕食者群体,捕食者就消灭了自己的食物来源。由此引起的捕食者群体的崩溃,改善了被捕食者群体的条件,于是它们的数量反弹了;整个循环又重新开始。

这种单一种类捕食者和单一种类被捕食者之间的简单关系在自然界相当罕见,但是在少数特定的环境下确实存在。例如,纽芬兰的猞猁和驯鹿群体,其行为或多或少就是我刚才描述的方式。[15]在被捕食者较充裕的环境下,捕食者仅依赖于被捕食者为食不大常见;因此那里的种群模式不像食物缺少的亚北极区那样具有明显的循环特征。

参加者如何在实验中洞察这种模式呢? 观测是否可能给他们提供这种发展的一个合理准确的图景? 在班贝格大学,普罗伊斯勒(Wapurga Preussler)设计了一个实验帮助回答这一问题。[16]她给参加者作如下描述:

> 若干世纪以来,非洲的克赛雷罗部落已经居住在四周由沙漠环绕并以提贝斯提山脉为界的一个富饶的地区。稷谷是克赛雷罗人的主要食物。他们生产漂亮而精巧的机织地毯作为贸易货物。克赛雷罗族人是非常成功和爱好和平的人民,他们的宗教禁止杀人和屠杀动物。他们的羊群目前共有3000只羊,给他们提供必需的原料,生产很受欢迎的贸易货品。整年在克赛雷罗领地自由放牧的羊,每年一次被赶到一起剪羊毛和清点数目。羊的数目有很多年大体保持不变。但是近来羊群开始遭到鬣狗的袭击,鬣狗的数目现有450只。因为鬣狗既不受到克赛雷罗人也不受到任何天敌的威胁,所以它们的数目可能会无限制地增长。

参加者的主要任务是预测35个时间单位里捕食者(鬣狗)群体将描画出的曲线(有些参加者还要求预测被捕食者——羊群数——变

量）。每一时间段参加者必须预测捕食者数目的下一个值；每次预测后，立即告诉他们正确的数值是多少。

为了检验某些附加信息是否有用，参加者被分为四个小组。要求第一小组同时预测捕食者变量和被捕食者变量，并把预测结果记录在一张事前准备好的图表上。第二小组两个变量都预测但不作图。第三小组只预测捕食者变量并用图表表示。第四小组预测捕食者变量但不作图。如果关注被捕食者变量或者坚持给捕食者变量的历史作图对预测捕食者群体有用的话，那么这一效应将会由各小组成绩的差异所揭示。

图28表示本实验最有趣的结果——预测两个群体的第一循环。图中表示捕食者和被捕食者群体的发展和所有参加者预测结果的平均值。一般说来，参加者低估了捕食者最初的指数增长，但是考虑到本章前面我简单介绍过的结果，这是预料中的事。低估的差额比较小，因为

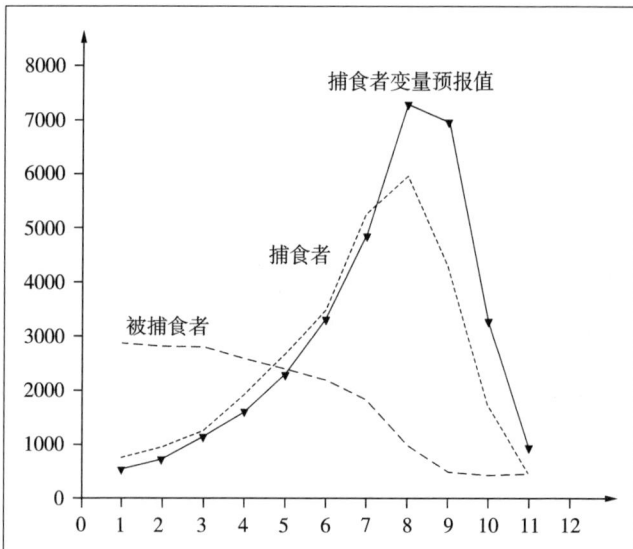

图28 克赛雷罗实验第一循环中捕食者变量和被捕食者变量的发展及参加者对捕食者变量的平均预报值

参加者每次预测之后,就立即得到正确数值的反馈。

我们还可以从该图看到,对于捕食者变量的增长在某一点将会结束,参加者事前没有"感觉",而是坚持在他们的预测中已确定的趋势,甚至在第7点—第8点的临界转换阶段都未改变。

实际上,我们甚至发现预测值的一个加速变化。第5点至第6点,参加者预测平均增长40%;第6点至第7点增长42%;第7点至第8点增长44%。这种预测值加速的原因可以从图中清楚地看到。因为每一预测都在捕食者变量的实际数值之下,参加者试图将这一差值补偿到他们的下一次预测中。

参加者的预测行为可以总结为下列简单的模型:

取过程中你已经观测到的最初和最末两个值,并用一条直线把它们连接起来。

将这一直线向最末值以外外推,直到你必须作下一个预测的时间点。

加上或减去你上次预测中低估或超估的量,这将给出你下次的预报值。

如图28所示,捕食者变量的逆转现象使参加者大为吃惊,正如1987年的股市暴跌使大多数股票市场观察员大跌眼镜。但是参加者的反应更为惊人,因为他们对克赛雷罗领土条件比起任何观察员对股票市场有一个远为清晰的概念。一旦在第8个时间段看到的群体增长突然减速发出大灾难的信号,参加者确实预见到进一步的下降,但是其迅速程度又一次使他们感到吃惊(第9个时间段)。

图29所示的结果甚至更为触目惊心。我们把预测的结果分为两组,图中绘出了每组平均值的变化情况。一条曲线反映只要求预测捕食者群体的所有参加者给出的值,另一条反映既要求预测捕食者群体

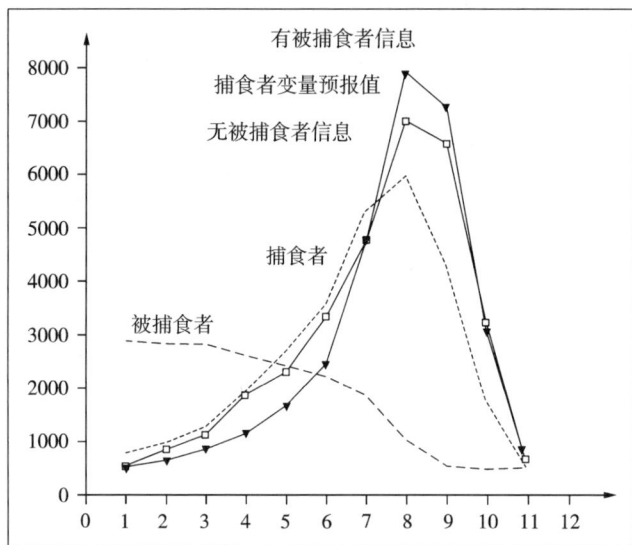

图29 已知和未知被捕食者预测条件下参加者的预测成绩

又要求预测被捕食者群体的所有参加者所给出的结果。

我们本来期望目击被捕食者群体持续下降的参加者会作出某些结论,反映在他们对捕食者群体的预报中。羊越来越少,鬣狗越来越多,在某一点鬣狗也将开始挨饿。参加者的确应该注意到,在第4、第5阶段被捕食者群体严重缩小。而如果被捕食动物群体减少,最终必然影响到捕食者的捕猎机会。

但是如果任何参加者得出这些结论,他们也没有将这些结论什么的用于他们的预测。正好相反:"只有捕食者"参加者的预测似乎比"捕食者—被捕食者"参加者的预测做得更好,他们超过大灾难点的值,同捕食者—被捕食者的预测超过大灾难点的值一样多。(其差别在统计学上显著。)

我们对此作何解释?是不是捕食者—被捕食者小组被问得太多?他们不断收到比只有捕食者小组成员更多的信息。是不是综合两种发展的附加琐事产生了信息过载?是不是这反过来促使他们坚持自动预测模式？似乎只有捕食者小组的参加者信息负担较小,留下足够多余的注意力,预报捕食者增长率的减速变化。

要求一半参加者把变量的增长曲线记录在一幅图中——将不同时间收到的信息转变成空间信息——有些微益处。这些参加者比没有把曲线画在纸上的参加者更为接近预测第一次“大灾难”——捕食者变量的逆转。换句话说,把时间转换为空间似乎有助于人们理解时间结构,虽然这里帮助也不会太大。

无论什么帮助——无论报告一个密切相关变量的实际发展,还是以图形方式记录变化的曲线——对结果都没有多大影响。但是参加者在第一循环实验中所取得的经验,的确影响他们的预测行为。实验继续进行到第二循环结束,结果有所改进。图30给出了35个时间单位期间整个实验的平均预测过程。在第二循环中,参加者对捕食者群体增长的预测比他们在第一循环中预测的结果要好一些,而且捕食者群体逆转的预测,第二次偏离实际没有第一次偏离得远。实验过程中,他们明显地与所涉及的各种过程更加协调。

这些方面表现出来的改进,给我们一种乐观的感觉:也许人类归根

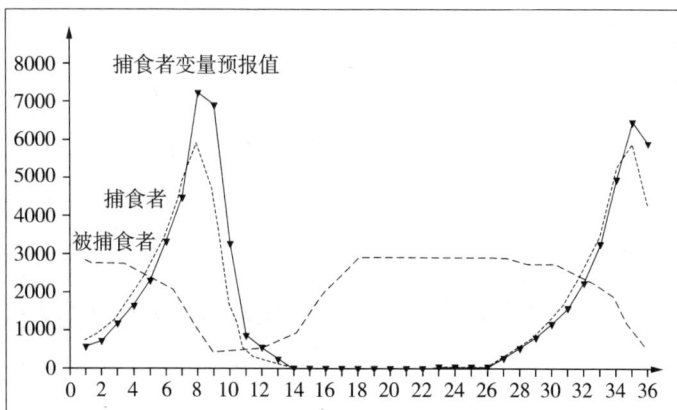

图30　整个实验过程的预测成绩

结底能够学会如何处理时间结构的问题。但是我们必须记住,本实验中参加者是在几乎最佳的条件下工作的。他们只有一项工作去做,不受其他任务干扰。一些参加者还得到被捕食者群体的信息。每次预测后,所有参加者都收到他们的预测是否精确的反馈,并得到正确的值。但在真实世界中,所有这些都是不切实际的条件。例如,一个读报的市民,他所得到的关于经济发展或流行病传染的信息,既不完整又缺乏校正。所得信息是孤立的、支离破碎的。我们可以设想在那样的条件下,更难提出一种适当的时间发展图景。

库埃拉的骷髅天蛾

库埃拉是尼罗河三角洲的一个村庄。这里既种植棉花又栽培无花果。棉花的收成取决于骷髅天蛾(*Acherontia atropos*)的活动,它给棉花传授花粉。但是这同一种天蛾使无花果产量受损,它在无花果上打洞,以果汁为食,不仅破坏果肉,而且给腐蚀果子的害虫打开一个通道。

所以一方面骷髅天蛾是不可缺少的,另一方面它又是害虫。在这种情况下我们所需要的显然是,将天蛾群体限制在更好地满足棉花生产需要的真正最低程度。

一种以天蛾为食的食肉黄蜂可以用来控制骷髅天蛾的数量,而这一蜂种的管理很简单。黄蜂给自己在树上筑造很容易看见的"纸型"蜂巢,夜间当黄蜂入睡后,我们可以很容易地收集这些蜂巢。另外蜂巢可以根据我们的愿望储藏起来,然后再拿出来。(动物学家和植物学家对于我们不太严格地遵循动物学和植物学实际的做法不得不给予宽恕;此处,准确性不是我们最优先的考虑。我们要建立一个能模拟捕食者—被捕食者的系统,我们还想在措辞上把它说成是该系统允许参加者将实验看作是生物学害虫控制的一次实践活动。)

参加者的任务是收集蜂巢然后再把它们分发出去,使得天蛾群体保持在尽量接近一个指定的目标水平。这一目标水平在下面的曲线图中表示为400。(一个实际的天蛾群体将永远比图中的值大得多,但为了便于测量,我们继续用小比例尺。)

蜂巢的收集和分发需要时间。因此,任何已知措施,实施2个月后才能见效。告诉了参加者这种时间延迟,要求他们在37个时间段("月")努力控制。

图31表示一位参加者的活动,他出色地进行了控制。图的上部表示捕食者和被捕食者数目的变化,即黄蜂和天蛾数量的变化。14个月后两种群体都接近稳定,或者说总共只进行了4次干预。这些干预画在主图下面的坐标系中,每一个三角形代表一次干预。零线以上的一个三角形表示分发一次蜂巢,零线以下的一个三角形表示收集一次蜂巢,而三角形离开零线的距离表示干预的强度。

第13号参加者mbw等待很长的时间,平静地进行观测。他所采取的步骤比较小,但是他的最低纲领主义方法显然是适当的。从一开始

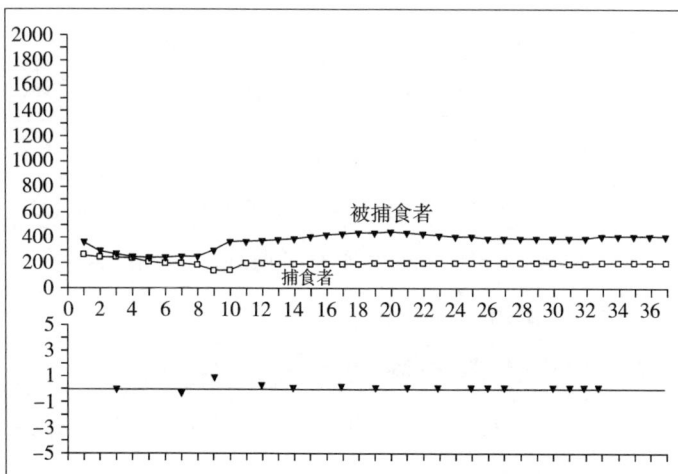

图31 库埃拉实验中第13号参加者mbw所得结果

该参加者就把注意力集中在了解各种发展上。那可不是什么简单任务,因为天蛾的数量倾向于增加到由可利用的食物决定的最大水平。而一旦黄蜂放到周围,它们也是独立地增加。另外,完全与参加者的活动无关,一个小蜂群迁移到库埃拉地区并缓慢地增加。换句话说,该系统是以某种意义的内部动态为特征的。

如果我们注意一下第9个月,就会看到该参加者相当早就已经开始懂得这些内部动态。尽管天蛾群体依然在目标值400以下,参加者在这里就分发蜂群。他已经懂得天蛾群体增长迅速,所以及早进行干预制止其发展。他的主要目标是使捕食者保持在一个最佳水平,因为他已经(正确地)假设,通过把蜂群保持在他尚未确定的某一不变的数量,就可以将天蛾群体控制在目标水平。

大约到第15个月的时候,这位参加者基本上确定了他需要控制黄蜂群的范围,以及他晚些时候对系统细致调节而进行的干预总额。通过对蜂巢数进行细致地调整,他可以非常精确地控制天蛾群体,从而使得天蛾数目偏离目标值越来越小。(图31使用的小比例尺不可能看到这些小的偏离。)

在做实验的时候,我们看到该参加者很冷静,很关注他假设中的数据,很少进行推广,注意天蛾和黄蜂数量的变化,并设法将他收集到有关时间结构方面的信息转变为空间信息。

现在让我们看一看如图32所记录的第02号参加者mjg的行为。我们可以立即看到该参加者为完成任务所遇到的麻烦比第13号参加者mbw要多得多。天蛾群体要么是零,要么就是高出目标值好多,而且参加者的干预远比13号mbw粗鲁生硬。该参加者行为的显著特点是,他对捕食者和被捕食的**当前**状态作出反应,而忽略与时间有关方面的问题(群体的增长和下降、加速、延迟)。在整个试验过程中,他从来不了解他是在对待一个时间过程。他始终是当前状态的俘虏。

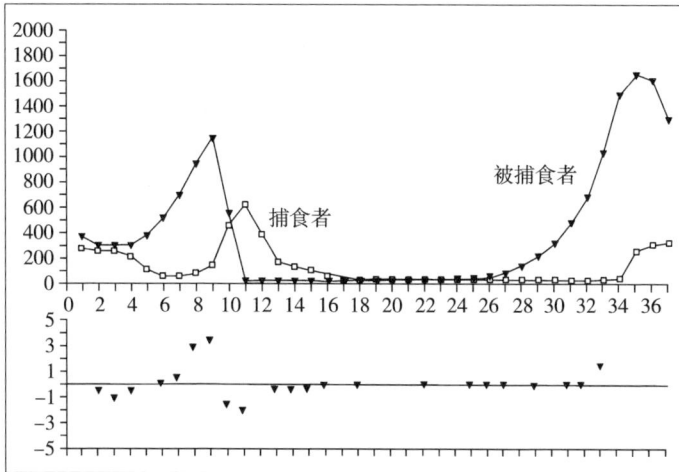

图 32　第 02 号参加者 mjg 的结果

最初他注意到天蛾群体在减小,因此他削减黄蜂群体。其结果是
引起天蛾群体几乎爆炸性的增长。接着在第 6 和第 7 个月该参加者曾
试图遏制这种趋势,但是为时太晚而且太胆怯。当这些措施失败后,他
在第 8 和第 9 个月采取了过分激烈的措施,几乎完全根除天蛾群体。在
第 10 和第 11 个月,把刚刚分发出去的大量蜂巢又一次收集起来。(在
此,这一措施对天蛾群体毫无影响,而丧失了主要营养来源的黄蜂无论
如何很快就会挨饿。另一方面,该措施对某些食蜂的动物有好处,保证
给它们足够的食品供应。)

早在第 8 个月,该参加者就提出了一种阴谋理论:"不公平！这个
计算机欺骗我!"后来,大约实验进行了一半的时候,他开始观察发展趋
势。逐渐增长的天蛾群体甚至促使他在第 18 个月采取预防性的行
动。但是他又一次太胆怯,只分发了很少的蜂巢。

他从未认识到他在同一些**过程**打交道。第 22 个月,是发蜂巢还是
收蜂巢,他犹豫不定。因为,一方面他害怕天蛾群体急速增长,而另一
方面天蛾群体仍然停留在目标值以下。

接着,他大大低估了从大约第22个月以后天蛾群体明显几乎呈指数增长,他在第25至第29个月试图制止其增长,但已为时太晚。他又一次表达他的阴谋理论,事情的背后有"邪恶力量"在起作用:"计算机在骗人!"

天蛾群体不断上升远远高过目标值,参加者过分激烈地施加反作用。倘若实验继续延长,我们就会看到天蛾群体再一次下跌到零线。

在实验结束的时候,第02号参加者mjg评论道:"不管你做什么,你都不可能做对。"

图33中,第17号参加者mtm给出了一个类似的图景。这里,该参加者在第3、第4和第5个月分发了大量的蜂巢,尽管此时天蛾群体是在明显地下降。蜂巢刚刚分发出去,参加者就急急忙忙在第6、第7和第8个月又把它们收起来了,从第9个月开始该参加者两手空空,既无天蛾亦无黄蜂。

天蛾群体渐渐回弹,参加者现在以一种凌强欺弱心态,放任自己盲目行动,在第9至第20个月,收集他可以找到的每一个蜂巢。他甚至将

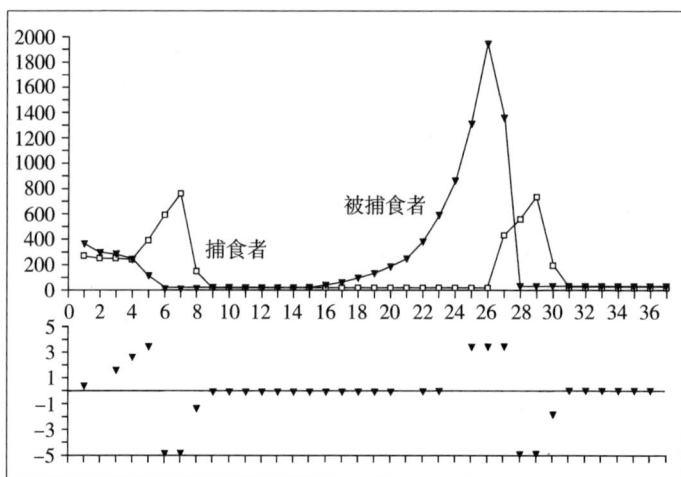

图33　第17号参加者mtm的结果

少量迁移到库埃拉地区的黄蜂也收容了起来,但是此举对促进已经开始回弹的天蛾群体的发展,不但完全没有必要,甚至有害无益,因为这种"移居"黄蜂对天蛾群体的增长妨碍甚微。

结果,天蛾群体大约从第18个月迅猛增长,但是参加者直到第23个月前都没有注意到此事,一直坚持他的积极的反抗黄蜂政策。在第25至第27个月,他分发出去巨大数量的蜂巢,这一步骤很快导致失控的天蛾群体全面崩溃。但是参加者刚分发了蜂巢,在第28和第29个月又把它们迅速地收集起来,并从第31个月起我们发现了曾在第9个月看到的同样情况。

整个实验期间该参加者差不多一无所获,愈加放任自己凌强欺弱的心态,并沉溺于无效的常规措施,所以他可能觉得他在做着某些事情。

图34绘制出一个参加者的活动图,他像第17号参加者mtm和第02号参加者mjg一样,开始的策略是采取进攻性反措施。如果天蛾太少,他便把蜂巢收起来。如果天蛾太多,他便把蜂巢分发出去。他运用这

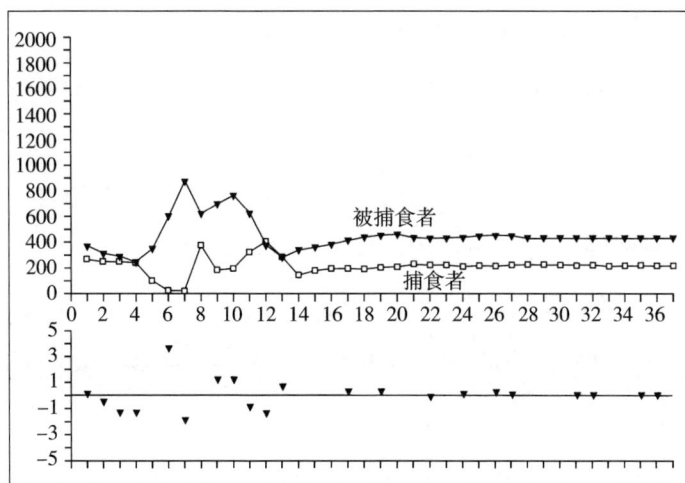

图34 "可教育的"第04号参加者mlg的结果

一策略并进行相对极端的干预和急剧的逆转直到大约第12个月。然后该参加者转换为名副其实的过程控制,并尽力做到有远见地行事。他在第13个月采取的措施说明了这一改变,尽管天蛾群体依然比目标值大得多,他只分发了少数蜂巢。参加者已经偶然发现了确定他所谓"零值"的思想。他所指的这个值是保持天蛾群体不变的黄蜂群体的一个值。正如后来的实验进程所表明的那样,他在确定这个零值时非常成功。采取较少的、较缓和的措施,他将天蛾群体调节到目标值。第04号参加者 mlg 是一个典型例子,他能吸取教训,并改变自己的行为。这种改变可能很迅速地发生。这里,策略的改变发生在第12或第13个月。

这个实验的参加者们表现出来的行为,其范围很广。第13号参加者 mbw 显然是一位明星——但也是例外。其他参加者,平均说来,从实验中几无所得,极难提出一个控制策略。第17号 mtm 和第02号 mjg 参加者是极端例子,但仍然表现出平均行为的特征。

我们见过的所有起相反效果的行为,在本实验中又一次出现了。我们发现了大量的防范措施,忽视实际数据的特设假定,对增长过程的低估,恐慌反应,以及无效的狂热活动。

另一方面,正如在贮藏室实验中那样,我们有一个参加者,不动声色静观其变,设法了解其内在过程然后再进行控制。也许更好的情况是,我们有一个参加者,他开始犯了所有典型的错误,但是后来学会了观察和操纵过程而不是仅仅应付每一时刻的情况。

但是总的来说,我们必须得出这样的结论,多数参加者天生处理相对简单的随时间变化系统的能力极差。用较好的策略武装参加者的确是值得的,所以合理的行为是惯例而不是例外。

再一次指出,参加者们都在接近最佳条件下工作。系统相对简单,并且参加者得到没有延迟的完全的正确的信息。系统反映的延迟时间是相对短暂的、可测量的。要是在其他别的条件下,参加者或许会发现他们的任务更为艰巨。如果系统更为复杂,延迟时间更长,如果信息到达得更慢,不全面并有部分信息是错误的,如果变量之间的相互作用更为复杂,那么参加者无疑会碰到更大的难题。

库埃拉地区的系统不要求参加者是超人,它所提出的问题相当容易解决。如何解决呢?办法毫不神秘,所要求的只是牢记几条绝对简单的规则:努力认识过程的内部动态。记录那些动态,从而可以考虑过去的事件,而不是对现在的时刻无能为力。努力预测将会发生什么事情。很简单,我亲爱的华生(Watson)!*

---

　　* 此为英国作者柯南·道尔侦探小说中主人公福尔摩斯常说的一句话。——
译者

◇ 第六章

规 划

如果我们想合理地处理复杂问题,(至少试验性地)做的第一件事情是清楚地确定我们的目标。然后建立一个特殊的实际问题的模型,或者改进一个已有的模型。我们可能必须观察相当一段时间以便了解模型各个变量之间的联系,并需要收集系统目前状态的信息,从而可以知道系统现在的行为如何以及它将来的行为可能如何。一旦我们做了这一切,就可以进入规划阶段。

"偶生一计……"

什么是规划?在规划的时候我们不**做**任何事情;只考虑**可能**会做什么。规划的本质就是考虑某些行动的结果,研究这些行动是否将带领我们更加接近所期望的目标。如果各个单独的行动不能达到目的,我们必须安排一系列行动。"首先我把卒走到D4,在那儿可以和象一起保护后,接着用这个马……"一个国际象棋手计划过程的一小段可能就是这种样子。

规划由几步组成,首先考察各单独行动的结果,接着将各单独的行动串在一起构成若干系列,并考察这些系列行动可能产生的结果。我们在头脑里或者在纸上或者用计算机做这些工作。规划是一种释放智力试验气球的事情。我们会问自己,"如果执行了步骤A将会发生什么情况? 而如果执行了步骤A加上步骤B又将会发生什么情况?"

在规划的时候,我们或多或少提出想象中行动的若干长链。这些长链由各单独的链环组成,如果它们是完整的话,每一个链环由三个元素组成:**条件**元素、**行动**元素和**结果**元素。"已知某某条件,我可以采取如此这般的行动并取得这样那样的结果。"这将是规划系列之中一个简单单元的完整形式。

计划可能在不同的方向形成分支。对一个规划者可能发生这样的情况:某一行动可能导致多种不同的结果而非一种结果,取决于他未知的先决条件。"我的对手会不会不用象去保护后,而把车走到A5呢? ……然后我可以用象吃她的马进而……"这是一个说明计划在不同的环境条件下可能沿着不同的路线发展的例子。

规划系列还可能包括若干个回路。例如,如果我们怀疑某一行动有时可能产生所要求的结果而有时却毫无结果,就可能对自己说,"如果这次不成,我就再试一次。"

规划过程可以采取像图35所示那种或多或少有点复杂的形式,这是一个分支结构,从S_a点出发向S_ω点运动。

S_a是规划过程的出发点,S_ω是其最终目标。(有些规划过程具有几个出发点并有几个目标,但是在此我不想把问题复杂化。)箭头代表行动,而箭头指向的黑点表示我们希望用这些行动要达到的目标。"叉子"表示可能有多于一个结果的行动;"回路"代表一个可能需要重复的行动。

图35表示可能发生在规划过程中几乎所有可能发生的事件。该图还表示我们可以区分两种规划的制订过程:正向规划和"反向"规划。在正向规划中,我们从出发点开始;某种意义上讲,这是规划要采

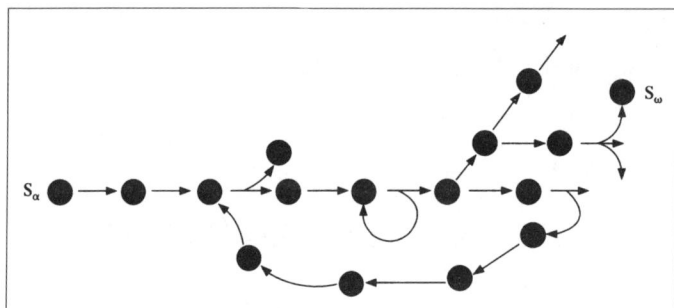

图35　规划过程的结构

取的"自然"形式。我们规划实际上将要向前行动的路线。因此从这种意义上讲反向规划是"不自然"的,因为我们不可能反过来行动。

但是即使不能反向行动,还可以反向规划。我们可以很容易地考虑在期望目标之前的主要条件必须是什么,以便采取某一种特殊行动达到目标。例如,如果我们想坐火车从芝加哥到波士顿旅游,最佳的策略并非必须研究火车的连接:从芝加哥到匹兹堡,从匹兹堡到纽约,再从纽约到波士顿,然后根据这些信息制订旅游计划。换个做法,可以找出在我们希望到达波士顿的这段时间,有哪些从西边过来的车次开进波士顿。然后弄清这些车次何时离开,譬如说,从纽约或布法罗离开,这样我们可以"返回"到芝加哥来规划路线。当然,我们可以把两种规划方法结合起来,在正向和反向模式之间来回互换。

对于反向规划,心目中有一个清楚的目标至关紧要。如果目标模糊而不清楚,我们就没有坚实的参考框架来解决这样的问题:"什么单独行动将导致所期望的目标?"这是为什么我们应该将目标严格分类的另一个原因。

目标往往不清楚,也许能很好地解释为什么人们对反向规划很少表现出自发热情。但是,即使当人们确实有清楚的目标,也可能有效地运用反向规划方案,他们实际上却很少运用。当我对一组人进行调研,要求他们做形式逻辑证明时,发现在1304份参加者自言自语的记录中,竟然没有一个反向规划的例子。[1]但是,对于数学家和逻辑学家来说,反向规划常常是一种标准的方法。[2]

理论上讲,规划是一件简单事情。在我们的脑海中,展开一系列行动,把正向规划和反向规划结合起来,最后找到从出发点到达目标的路线。我们是这样做的吗?

> 偶生一计,
>
> 无非是一显才华!
>
> 再施一计,
>
> 行不通,全白搭。*

布莱希特的乞丐王皮丘姆(Peachum)在他的"无能为力歌"中这样唱道。

作为皮丘姆自己的经验描述,这些诗句构成一个很保守的说法。他的大多数计划进行得很顺利。的确,在他宣布他的哲学不久,皮丘姆就为应对伦敦的警察局长布朗(Tiger Brown)试图禁止伦敦的乞丐进入加冕仪式大会设计了一大批由他执行的计划。皮丘姆计划的仔细周到留给布朗极深刻的印象,以至于他很快就亲自参加了皮丘姆捉拿麦克希思(Macheath)的计划。这一计划也进行得很漂亮,要不是信使最后一分钟带来了国王的缓刑令,麦克希思已被绞死。但是没办法,我们并非都是皮丘姆,究竟是什么原因使得制订计划对我们来说就如此困难?

一个问题是,我们只能在很少的情况下,以及在不太感兴趣的领域,进行完全的规划过程。归根结底,规划工作迫使我们去研究现实的一个扇面——一个"问题扇面"——以便确定我们可能影响到的各种可能的转化。[3]因为即使中等程度复杂的事实,譬如某些智力难题,也提

---

* 见《布莱希特戏剧选》(上册)第77页,高士彦译,人民文学出版社,1980年5月第1版。——译者

供了许多转换的可能性,也因为正向和反向规划过程都可能有如此广阔的分支,所以对整个问题进行扇面的全面研究是完全不可能的。

众所周知,国际象棋是结构数目有限的一个现实扇面。因此走动和对抗的次数也是有限的。那么,在理论上,我们可以对它的某一步——甚至整盘棋的策略——"通盘计划"。但是事实上我们做不到,因为可能转换的数目如此之大,以至于到目前为止还没有一个人甚至没有一台计算机能够对所有的可能性进行全部分类和计算。

因为巨大的问题扇面使我们不可能对其进行彻底的研究,我们必须缩小聚焦的角度。问题解决心理学已经识别出许多探索性的策略来完成这一工作。一个常见的聚焦过程是所谓的"爬山法"——只考虑有希望向目标前进一步的那些行动,换句话说,只考虑能够减小条件和需求之间差别的那些行动。此法似乎可以接受,但是用起来还是比较棘手,因为当我们接近目标——顶峰——的时候可能发现自己是在次高峰而不是在主高峰。在攀登期间,某点到次峰的路比到主峰的路可能更为陡峭,如果除了爬山法之外别无他法可施,我们就可能走上错误的路线。完全根据爬高的梯度——根据不断接近目标——作为成功的判据,是很危险的。尽管如此,爬山法的确避免我们走任何弯道,因为它们总是代表临时偏离了直达目标的路线。

限制问题扇面的另一种方法,是寻找"中间目标"。我们可以运用反向规划建立中间目标。我们还可以选择一些形势作为中间目标,尽管不能看到由它们导向最终目标的任何直接路线,但是这些形势为将来的行动提供了多种可能性。在国际象棋中这种形势的一个例子,是卒占据了好位置或者控制了棋盘的四个中格。这些"有利"形势能够提供高"功效差异"形势,由此我们可以在许多不同方向上有效地走棋。

如果我们完全迷失了方向不知所措,可以根据过去已证明是成功的经验安排我们的行动。根据它们在过去成功的频率来选择行动,也可以缩小注意焦点。但是，我们决不可盲从于"方法主义"，选择一个行动仅仅因为它过去屡屡奏效。

这里我的目的不是要系统讨论能够缩小问题扇面的所有办法，我只想指出确实有很多这样的办法。

然而，如果有许多办法缩小问题扇面，我们应该选择哪些办法？何时选择这些办法？何时结合运用正向和反向规划？何时爬山法适合？何时功效差异法最好？何时应该研究过去的成功经验？这些问题都有答案。如果目标不清楚，反向规划法效果就很差或根本不成；而功效差异法这时是适当的。只有当我们对于问题扇面的结构不确定，从而对于到达目标的最佳路线根本不确定时，才应该采取爬山法，或许为了消除该方法的不变通性可与试凑法交替使用。我们只是要知道何时干什么。

缩小问题扇面的方法，要求也必须有扩展它们的方法。缩小一个扇面使我们在一个可测量的场地进行操作，但是我们可能在一个错误的场所。如果一段适当时间的探索没有把我们引导到什么地方，我们需要考虑改变场所，做到这一点有几种办法。

其中最简单的是**自由实验法**。试凑法是一种把突变导向规划过程的方法，因此我们不要把自己限制在似乎导向目标的操作(爬山)，使我们处于有利的战略地位的操作，或者过去是成功的操作。在给定的条件下，我们代之以尝试各种可以想象得出来的运作。此方法相当原始，它提出了若干问题，因为我们常常未认识到自己是老想法的俘虏，决不考虑已存在的所有可能性。[4]

扩展问题扇面的另一种方法，是**剔除不成功的策略**。[5]在本方法中，我们识别以前解决问题不成功的方法所共有的特征，然后提出不含这些特征的新途径。如果至今已经试过的方法都不成，我们需要剔除不成功行动的特征并代之以新的特征。

这一过程帮助我们在克服牢固树立的思维模式时特别有效。一件特殊的物品和一种特殊的功能长期结合,使我们很难想象这一物品还可以用于其他目的。

例如,如果我们给实验参加者一个蜡烛头、一些火柴以及几枚装在火柴盒里的图钉,要求他们把蜡烛头固定在墙上用来做"光学实验",参加者并非立刻发现用图钉把火柴盒钉在木板墙上的思想。但如果我们把蜡烛头、图钉和火柴盒分别交给他们,那么他们要快得多,困难少得多。在第一种情况下,火柴盒有了一种特殊的联系,参加者只把它看成别的物品的容器,而不是把它看作是将蜡烛固定在墙上的装置。

或许扩展问题扇面最重要的方法是**类推思维**。格林韦尔实验中参加者将火柴厂和卷烟厂进行比较时,她这样形成的生产过程的清晰图景为她打开了新的计划的可能性。在冷藏室实验中,参加者要抓住的基本点是一种作用和该作用所产生的影响之间的时间延迟问题。一位参加者看到给温度调节器设置一个新的数值和给顾客送去账单("我也不能马上得到钱")之间的相似之处,他也许没有提出惊天动地的思想,但是他确实发现了解决问题所需要的一种想法。

如同缩小问题扇面的方法一样,在某些特定的情况下扩展问题扇面的特定方法是恰当的。剔除不成功的策略,作为长期不成功的努力后扩展一个问题扇面的分析方法,是很有用的。当我们发现自己不能再建立起任何更多的中间目标,并意识到我们的思维在兜圈子,不断地兜回同样一些想法时,我们使用自由实验法是恰当的。如果我们觉得已经把一个问题扇面的所有可能性耗尽无遗,应该运用类推法进行扩展。

我们可以认为规划是这样一种过程:缩小问题扇面,仔细地搜索问题扇面寻找可能解决问题的办法,若搜索不成功就扩展问题扇面,限定新的问题扇面,并对其进行搜索,如此等等。整个过程是否有效,取决于我们是否具有限定和扩展问题扇面的方法,是否知道何时应用哪些方法。

这里限制,那里扩展——我们必须牢记这是理论上应该采取的方法,实践中我们是否能够灵活运用总会受到现实条件和特殊问题要求的限制。时间限制,可能迫使我们仅仅提出粗糙的计划或缩减整个规划过程。另外,有些情况下,不管时间多少我们不应该规划过多,甚至根本不应该规划。某些情况依赖许多别的过程,其特殊的细节简直无法预测。正如一位建筑承包商格罗特(Hans Grote)所说的,"一个足球教练不会告诉他的前锋,在比赛的第6分钟,如果他从22°的方向接近对方球门,在球门前17米远处,以10°11′的入射角射门的话,他一定能够得分。"[6]

在这种情境下进行详细地规划是浪费时间。我们遵照拿破仑(Napolen)的忠告将会做得更好一些,对这种情况他的格言是:"On s'engage et puis on voit!"(大意是:"先跳入冲突之中,然后琢磨下一步干什么。")

在非常复杂和快速变化的情况下,最合理的策略是仅仅规划大体的轮廓,将尽量多的决策权授给下级人员。这些下级人员将需要相当强的独立性并要对整个计划有一个彻底的了解。这种策略要求一个"冗余的可能命令",就是说,在一般性指令的情境内许多个人都能够完成领导任务。[7]

这种授权不应该与著名的军事战略家毛奇所描述的无成效情况相混淆:"如果一位将军的周围有许多各自独立的顾问,那么他们越多、越杰出、越聪明,这位将军的情况就越糟糕。他先听这个顾问的,然后又听那位的。他遵照第一位顾问对某一问题基本完善的建议,然后又接受第二位更加完善的建议。然后他承认第三位提出的异议有效,第四位的提议中肯。所以我们有八九成的把握打赌,这位只用最好的意图装备自己的将军必将在战役中失败。"[8]这里不是工作在整个计划情境内若干独立的部下，而是我们有若干杰出的顾问竞相建立全面的策略。但是，在一些情况下，一个"冗余的可能命令"在心理学上也可能是不健全的，因为我们已经授权的那些独立主体的不可预测性增加了基本问题的复杂性。

不过实际上，过分的授权并非经常有问题。在火灾实验的另一方案中，研究人员发现，扮演消防局长的参加者表现出强烈的倾向要剥夺各消防队所具有的很少的独立决策能力。[9]即便在某些情况下（例如，需要迅速行动）各消防队独立行动更为有利，这些局长们也宁愿要消防队服从他们自己的集中命令。他们希望感觉到一切事情都是在自己的控制之下，尽管这样显然适得其反。另一些研究者发现，在有压力的条件下解决问题的人比在宽松环境下更多地使用人称代词**我**。[10]这一发现是不是表明在有压力的情况下倾向于诉诸中央集权体制？

在识别什么情况下应该少作规划，如果说不是完全不规划的话，我们已经触及到一个较为广泛问题的一个极端。如同收集信息时那样，在规划时，我们也面对一个尺度的问题。我们可能作出太粗和太细的规划。规划的窍门是要掌握一个适当的详细程度。但怎样才适当呢？

同样类型的规划方法不一定对所有的实际领域都适合。格罗特描述了他如何使用一种方法在规划中取得了好效果，后来用于建设一个污水处理厂，比通常情况下同等工程需要的时间少得多。他决定运用同样的规划方法建一所中学，但是结果截然不同：

> 我们很快发现当面对这一较为复杂的建造过程时，我们选择的方法失败了。

> 首先，是它的包罗万象，详细地叙述了数百种操作，对建设工地工作的每一个人给予不合理的要求；第二，虽然已用到

了专门的技术和智能,实际的建设却与模型中想象的进行得
非常不同;第三,我们是在自己最为失误的情况下作的规划,
算错了每一处所需要的工人数目。我们事先不知道承包人和
二级承包人——以及建筑公司的工程师——都已被工程的复
杂性远远地抛弃,而他们自己灾难性地错估了所需的工人
数目。

格罗特总结道:"完整的规划应该用'非规划'概念进行调节。"[11]

寻找正确的规划尺度的困难,说明了许多失败的原因。例如,我们
越是不确定,就越倾向于过度规划。在我们发现开始有点可怕的情况
下,设法预见所有的可能性,并估计每一种可想象到的意外事故。这种
方法可能导致毁灭性的后果。我们的认识越广泛,规划过程就越使我
们注意无数的可能结果。规划像收集信息一样(因为规划也是收集信
息的一种形式),会增加而不是减少我们的不安全感。

我们回到足球教练的例子:如果该教练要确定每一个球员应该踢
在足球的什么部位,他应该记住潮湿的地面会粘鞋。球鞋和足球之间
的一个泥块会严重破坏原计划的射门角度。因此聪明的办法是研究土
块的平均大小和出现的频度,以及它们最可能粘在球鞋的什么位置。
然后如果我们考虑北方的球场往往是砂质的,而南方的球场有一个黏
土似的结实地面,所以我们必须……

永远没有人会规划到如此荒唐的程度,你说呢? 啊,是的,他们会
这样的!

格林韦尔实验中的一位参加者被安排解决老年人问题,他决定必
须做些什么工作,来促进老年市民与他们的儿孙之间的联络。兴趣促
使他去了解格林韦尔各疗养院是否安装了电话。但由于不是所有的格
林韦尔老年人都住在疗养院,参加者不得不调查私人和公共电话的可

用性。他从实验指导那儿得到格林韦尔所有电话亭的位置,把它们标在市区地图上,然后借助于尺子和便携计算器,着手计算普通的年长市民到一个普通的电话亭必须要走的平均距离。根据这个信息,他将计划新电话亭的位置。

当然,此后很长时间他没有考虑格林韦尔的年长市民和他们的需求。他们只是作为一个托辞让该参加者在一个小人国式的规划工程中寻找避难所,逃避他的无依无靠和实际决策的复杂性。仔细考虑一个问题往往增加我们的不安全感,而退却到一个很小又详细的规划过程可以帮助我们感觉到,我们是在应用全部理性的力量来对待情况的不确定性,推迟那个行动的坏日子——要知道,在行动之前我们必须仔细规划。这样,转换注意力的规划过程使我们暂时脱离困境,免除失败的可能性。

序列"不安全"→"精确规划"→"更大的不安全"→"甚至更加精确的规划(更适宜于一个熟悉的领域)"→"模糊地知道一个人不能应付实际问题"→"拒绝作出决策",最后一步不一定就是终结。一个无依无靠的不幸的规划者可能还要拖延过程。在突然出现可能与所有规划不相称,等于是盲目的随机活动的"自由行动"之前,进一步深入地探查更加精确、更加严密聚焦的规划过程。

即使过分细致的规划不产生更大的不安全感,它仍可能出现可怕的后果,因为如果我们相信自己已经预先考虑了所有可能发生的事情和**依然**出错的事情,并有所准备,就会遭受更为沉重的打击,它削弱了我们的信心。还不如在处理问题时,记住拿破仑的格言,预计某些事情一定出错,然后设法对待要出现的问题。如果预期到意外,我们有所武装应付之,胜于提出详细的计划并相信自己已经排除了这些意外。

试图逃避复杂情况的不确定性,可以采取逃向细微而详尽规划高地的形式,最好用数学公式进行强化,因为由计算得到的东西必然是正确的。或许这能解释为什么在心理学、经济学和社会学等"不精确"学科中广泛流行形式方法和"数学化过程"。[12]显然数学对它的误用没有责任,用数学语言清楚地表述思想比用普通术语不清楚地表述思想更可取,但是我们确实需要避免的是简单地单一化处理直到使它能够符合一个预定的形式模式这样的事情;这样修改了的思想不再反映得到这些思想的原始实际。

当然,粗糙的规划正像过细的规划一样危险。我不主张粗糙规划,因为它比过分规划更频频受到批评。然而,不恰当规划或根本不规划与诱使我们过分规划,可能有着同样的心理学决定因素。在两种情况下,面临需要作出决策的规划者都受不安全性所驱使。

侏 儒 怪

我已经给出一个规划单元的定义,它由条件元素、行动元素和结果元素所组成。(结果元素当然是"所期望结果"的元素,因为由行动所得到的实际结果可能不是规划者所期望的。)

如果我们心里用这三个元素认真进行规划,那么我们的任务将是要求很高的工作。确定的行动要求确定的条件。要实现一个行动,我们必须首先创造尚不存在的必要条件。行动的执行需要时间和努力,我们也必须对此加以重视。如果结果并非正如我们所希望,我们可能不得不着手附加的行动。总之,如果我们忽视条件元素,并假设行动**普遍**适用,如果忽视行动本身固有的困难,以及如果假设行动将产生所期望的结果,规划过程就容易得多。

因为规划只涉及想象我们的行动,我们基本上免于与烦人的实际条件打交道,对于完成一种操作所要求的必要条件,可以不受任何障碍地一概予以忽略。因为人类总是倾向于抽象地想象,忽略那些条件相当容易。

侏儒怪,你也许能够回想起来,是那么一个规划者。他说,今天要烤面包,明天要酿酒,后天要王后的孩子。当他疏忽了将自己的名字保密的时候,计划就出岔子了。这类规划相当普遍。"今天我将把数据输入计算机,明天要计算,后天将写出论文结尾的一章。"但是如果大学所有的计算机终端都被他人占用了怎么办? 如果一个终端闲出来了但是计算中心关门早又怎么办? 或许运行计算程序的指令改变了,不再能够使用了。或者说不是那些碰巧的事儿,而是因为无论如何数据的存取程序不再有效了。当我们做计划的时候很少考虑这类可能性,这便是为什么计划常常失败,如同侏儒怪的计划出错一样。

侏儒怪无处不在。政治活动中当然也有。例如,下面是1972年德国议会关于养老金改革辩论摘要的一部分:

> 养老金调整报告中的预测表明,在未来的15年间养老金盈余将会超过2000亿马克。这些预测假设,经济连续持久地增长,就业率不断提高,以及工资收入有实质性提高,达到每年7%—8%。
>
> 当然,其他方案的简单计算表明,如果许此最佳假定条件改变,这么多个亿将会化为乌有。但是无人对那种可能性重新考虑。联合政府和在野党都盯着那2000亿马克,好像这笔财产已在银行里,可以花了。所以实际上他们已经在花了。[13]

侏儒怪!

不重视实现行动的条件,简化了规划但不简化行动。这样描述我们的计划可以容易得多——就像一位将军描画一场战役的轮廓时将其简化为夺取一系列城池——但是我们的描述可能掩盖了问题。正如《战争论》的作者克劳塞维茨将其说成是"战争中所需要的知识虽然很简单,但运用它们却不那么容易"。

计划往往失败,因为计划者没有考虑所有烦人的细小条件,或者像克劳塞维茨那样把它们称为"摩擦",要使计划取得成功必须对付这些问题。计划可能很简单,而实现起来却不容易。同样,在技术史上,明显不太重要的困难可能会联合起来,使得技术进步远远落后于专家们的期望。1957年,心理学家、经济学家和计算机科学家司马贺(Herbert A. Simon,后来是诺贝尔经济学奖获得者)曾预言,10年之内计算机将会成为国际象棋世界冠军。他的预言至少偏离了30年。只是到了今天才有若干具有世界级水平的国际象棋计算机,而这些计算机棋手在世界顶尖好手面前依然屡屡败北。

司马贺曾是且现在仍然是一位跨学科的学者,对决策理论颇为精通。他为什么会有如此离谱的预言呢?故事一定是有点像这样的:一般地说司马贺知道为一个成功的国际象棋计算机编程要求什么条件。他有相当清楚的想法,也知道他的想法是正确的。但是他没有重视许多烦人的细小问题,它们在类似的开发工程中通常突然出现。他看到了必须选取的道路,但是没有看到途中的障碍物。正是当我们心目中坚定地有了此种大图景的时候,最容易忘掉种种细节问题。

不重视摩擦是专家们特别容易掉进去的一口陷阱。他们常常在开发路线方面是正确的,但是对于可能性转化为现实要用多少时间,他们往往低估。有许多这样的例子说明这种倾向:1983年有人曾预言,到1985年90%的美国家庭将与电视数据系统联网,到1985年每台电视机将能够接收300个频道的节目,以及到了1985年就能够运用通常的语言进行计算机编程。

所有这些事情都是可行的。其中最难实现的是用某种接近通常语言的语言给计算机编程。但是1985年已经过去很久了,这些预言中没有一条在任何地方能够接近于实现。

根据侏儒怪模型去条件的规划，我已经表示了对它的轻蔑态度，我觉得也应该对其稍加赞扬，因为它常常给我们某些确实需要的东西，即乐观和勇气。有许多任务如果我们开始不把它们想象得很简单，那么就绝对不敢接受。只要我们敢于承担这些任务，或许将会成功。"先跳入冲突之中，然后琢磨下一步干什么。"

科学上，不少个人常常在自己的领域之外作出重大贡献，至少在科学进步的某些阶段。例如，薛定谔（Erwin Schrödinger），理论物理学家，提出了基因是活细胞关键成分的看法。[14]非专业人员提出的思想甚至不需要具有严格准确的价值。生物控制论专家贝塔朗菲（Ludwig von Bertalanffy）写道，"过分的简化处理，在相继发展中逐次修正，是从概念上掌握大自然最有效的或者是真正唯一的方法。"[15]专家总是以千差万别的形式观察事物——这正是他们成为专家的原因——而正由于这一原因，他们可能忽视其他判断事物的方法。

去条件化不只局限于单独行动或单独规划元素；它也可以确定大的行动单位。我们的日常活动是受到自动控制的，我们不需要对其作计划，因为我们已经有了计划。实现大多数日常活动的顺序同样也预先设置好了。这些"自动控制"几乎像反射一样运作，就是说，它是"自动"的。我们穿衣服，煮咖啡，煎鸡蛋，在面包上涂黄油，给汽车点火，然后驱车沿着我们熟悉的路线去上班，对这些活动的顺序根本未加思考。这种自动控制的要点在于，它使我们免去思考生活中每一细小的问题。如果我们做的大多数事情不是预先程序化了的，那么绝对做不成任何事情。

但是我们为这种解脱付出一定代价。如果我们能对活动的顺序稍加考虑，那么许多事情进行起来将比过去简单得多、容易得多，碰到的摩擦和反复更少。

认知心理学中的一个著名实验证明，自动控制现象除了提供若干好处外，也往往使我们看不到新的可能性。卢琴斯夫妇（Abraham and Edith Luchins）给实验参加者的任务是借助三个大水罐来度量一定量的水。[16]参加者可以将水罐灌满，可以把一个罐子里的水倒入别的水罐，也可以把罐子里的水完全倒空。例如，他们可以用一个容量为5夸脱（1夸脱 = 1.1365升）的罐子和一个2夸脱的罐子来量出3夸脱的水，只需先把5夸脱的罐子灌满水，再用其中的水把2夸脱的罐子灌满，那么剩下的正好是3夸脱。

卢琴斯夫妇把他们的实验题目设置成几个这样的任务，但是所有的任务都可以按照同样的运作顺序进行求解。例如，如果容器A能盛9夸脱，容器B盛42夸脱，容器C盛6夸脱；我们要量出21夸脱，可以先把B装满，然后用B里的水把C装满2次，把A装满1次，这样B里就剩下21夸脱。这一顺序，我们简化为B-2C-A，证明可接连完成5个任务。第6个任务写的是："容器A能盛23夸脱，容器B盛49夸脱，而容器C盛3夸脱，请量出20夸脱。"

顺序B-2C-A将产生所要求的量，但是A-C得到同样的结果却要容易得多。但是，多数实验参加者没能发现这个解答。（顺便说一下，这个例子说明为何经验并非总使我们变得聪明，经验也能使我们变得愚钝。）

"方法主义"效应——不加思索地运用我们曾学到的一种行动的顺序——除了量水实验外，可以在别的领域有重大的影响。但是动机都是相同的：我们极倾向于使某种形式的作用去条件化，并反复使用，如果证明它对我们或他人是成功的话。我从克劳塞维茨那儿借用了**方法主义**这一术语，他注意到：

> 但是，只要还没有令人满意的理论，对作战的研究还不够完善，职位较高的人有时也不得不破例地使用方法主义，因为

有些职位较高的人没有可能通过专门的研究和上层社会的生活来提高自己。他们在那些不切实际而又充满矛盾的理论和批判面前无所适从，他们的常识接受不了这些东西，于是除了依靠经验以外，他们就没有其他办法了。因此，在必须和可以单独地自由处理问题的场合，他们也喜欢运用从经验中得来的方法，也就是仿效最高统帅所特有的行动方式，这样，就自然而然地产生了方法主义。腓特烈大帝的将军们总是采用所谓斜形战斗队形，法国革命时代的将军们总是采用绵长战线的包围战法，而拿破仑手下的将领们则常常集中大量兵力进行血战，从这些办法的反复运用中，我们可以明显地看到一套袭用的方法，由此可见，高级指挥官也可能仿效别人的方法。

战争，从它的最高角度来看，不是由大同小异的、处理得好坏取决于方法好坏的无数细小事件构成的，而是由需要分别处理的、具有决定意义的各个重大事件构成的。战争不像长满庄稼的田地，而像长满大树的土地。收割庄稼时不需要考虑每棵庄稼的形状，收割得好坏取决于镰刀的好坏；而用斧头砍伐大树时，就必须注意到每棵大树的形状和方向。[17]*

我们可以这样总结克劳塞维茨的建议：在许多复杂情况下，考虑少数"典型的"性质并根据它们提出一个适当的行动进程，这不是本质问题。相反，最重要的事情是考虑这些性质特殊的、"单独的"**形态**，并提出一套完全独特的适合于该形态的行动序列。方法主义者不能应付他们自己认为的特殊的单独的形态，因为他有他的两三个行动办法，使用这一个还是那一个方法取决于情况整体的一般性质。他不考虑复杂情

---

* 见克劳塞维茨著《战争论》(第一卷)第141、142页，中国人民解放军军事科学院译，商务印书馆，1978年。——译者

况下的个体性,因为个体性出现在各种性质的特殊形态之中。

方法主义是危险的,因为某一细微的变化,虽然不会引起当前情况整体图景任何明显的改变,但可能形成达到同样目标所需要的完全不同的措施。克劳塞维茨的砍伐大树的比喻是恰当的。要动手砍树,我们必须仔细地研究大树倾斜的情况、临近其他树的位置、树冠的样子、风向以及树干上任何不寻常的扭曲等。其中任一要素都可能要求我们重新安排已经计划好的切口的位置。

我们有了经过检验而可靠的方法,能够为我们产生作规划的乐观。它又有正面结果,给我们信心去尝试新东西。但是也可能有负面效应。如果这些方法实际上过去已经反复证明是有效的,我们会总是更加过分地估计它们的效能。正如在切尔诺贝利,某些过去频繁地执行的行动,只产生省时省力的正面结果而从不招致负面结果,获得了作为一种(自动运用的)程式的地位,而导致大灾难。

有些情况下我们行动的结果只是很少或很长时间后才能得到反馈,这时方法主义很可能极为活跃。尤其是如果计划应用于一个我们很少有活动的领域,那么规划就逐渐退化为运用程式。

两位心理学家,库勒(Jürgen Kühle)和巴德克(Petra Badke),进行了一项有趣的实验——揭示常见的去条件化规划习惯。[18] 他们的实验通过给参加者提供路易十六(Louis XVI)在1787年的情况,使用了我们可能称之为"实验历史"或"实验政治"的方法。

那一年革命前的法国,由国王召集的一群特别的应召显贵们拒绝了由路易王朝财政大臣卡洛纳(Charles Alexandre de Calonne)提出的税制改革建议;他们还要求卡洛纳辞职。税制改革的主要目标是取缔贵族和神职人员享有的某些特权,若要恢复法国坚实的金融地位,这是一个急需采取的措施。

实验参加者被告知的条件是国内形势、平民的情绪以及抗英战争

(法国站在美洲殖民地一方加入了美国独立战争)刚刚打响后的经济、军事和政治形势。为了防止参加者回忆他们过去学习历史课程的要点,实验指导把所涉及的情况伪装成发生在大约公元前300年的古代中国;只有那些具有广泛而详细的历史知识的参加者才能识别出那是革命前法国的社会环境。现在要求参加者担当国王的角色来制订计划,这一任务只给他们45分钟时间。(在这样一个实验中,关键是不给参加者足够的时间详细研究所有的情况。)时间到了以后,要求参加者交出他们认为适当的要采取的措施的清单。(一位参加者没能认出是路易十六时的情况,他读了实验的说明和描述后说:"我想在这样的情况下,会把我的头捆在断头台上。"说明书似乎已经发挥着启发作用。)

　　每一个参加者的各项措施根据它们的"策划"程度受到评价。参加者描述一个目标和达到该目标所采取措施的确切性确定那个特殊措施的"策划指数"。如果二者的描述都很详细,该措施得到一个策划指数2。如果个别地方不详细或者还比较含糊,从而策划指数就有所降低。评价的另一个方面是某一项措施的"条件性"程度,也就是说,对于执行该措施已经满足了哪些必要的条件还需要创造哪些条件的问题,参加者能够确定的程度。

　　一些参加者仅仅提出了若干目标,只粗略注意到达到那些目标必要的条件和必须执行的措施。例如,有些参加者说:"我将从贵族们那里拿钱,来平衡国家预算。"但是这些参加者未能确切地说明他们将如何操作这一技法。而应召显贵们十分清楚地表明,贵族们不准备自愿地把钱交出来。另一位参加者干脆坦率地公布:"我们要做的第一件事情是带来出口盈余。"

　　但是,许多参加者能够作出详细计划,平均策划指数在最大值的50%以下。在这里我们饶有兴趣地注意到策划与条件性之间的相关性相当高。[19]另外条件性和策划与某项措施估计的**有效确定性**也高度相关。[20]

另一方面的研究调查了各个参加者协调他们措施的程度。显示出具有高策划指数和高度条件性的参加者也设计出**主要的**措施(通常是为了税制改革及防止金融崩溃而设)和从属于主要措施的各种次要措施。

坏参加者只是汇编目标的细目清单,并不给出达到这些目标的操作原则,他们对主要措施和次要措施不加区分。坏参加者制订了"一堆"措施,而不是"有条理的一套"措施。(格林韦尔实验的结果也是如此。)

在另一个实验中,库勒和巴德克在各种类似的政治情况下(包括路易十六的情况)进行了提出措施的策划指数和摩洛计划游戏的结果之间的相关分析研究。[21]它们之间的相关性表明在各种政治情况下策划指数高的参加者,在摩洛游戏中也往往取得成功。一般说来,这些人招致的大灾难或接近大灾难(该数字在统计上显著)少于那些策划指数低的个人。能否使好参加者以较高的策划和条件性来规划他们措施的不管是什么东西,看来与在一个复杂规划游戏中的能力直接相关。

与库勒和巴德克一样,罗思(Thomas Roth)使用一个规划游戏得到的结果来识别优秀问题解决者的特征。[22]罗思研究了好参加者和坏参加者在他们参加的一个称之为"缝纫店"的模拟游戏中所使用的语言。任务是管理一个生产服装的小厂。罗思用参加者在实验中自言自语说话的记录,研究了他们解决问题的语言。

罗思发现低劣问题解决者往往使用不合格的措辞:**经常地、每一次、全部、无例外地、绝对地、完全地、彻底地、全部地、不含糊地、不可否认地、没问题地、确实地、单独地、毫无、决不更加、仅仅、既不……又不……、必须、不得不。**

而另一方面,优秀问题解决者却倾向于使用合格的词语:**偶尔、通**

常、有时、一般地、常常、稍微、特别地、有点、特定的、尤其、在某种程度
上、或许、可以想象的、可疑的、尤其是、另一方面、同样、此外、能够、可
以、可能。

从这两个清单中我们清楚地看到,优秀问题解决者喜欢那些考虑
环境和例外的措辞,强调重点但并不忽略次要问题的措辞,以及那些提
出可能性的措辞。相反,低劣问题解决者使用不容许其他可能性和环
境条件的"绝对"概念。

下面的摘录举例说明这些差别,当然要反映全貌的确过于简短。
先看看一个好参加者所说的:

> "为什么当我有能力生产550个的时候我才生产了503
> 个?"

> 实验指导:"我不能对此评论。"

> "可能有多种原因。我怎样才能发现是不是一个工人生
> 病了,或是不是一台机器坏了——或究竟是什么原因?"

> 实验指导:"所有的机器都在工作。"

> "机器都在工作,是不是以最大能力生产?我怎样才能发
> 现这一点呢?"

现在看看一个坏问题解决者:

> 做什么都没有用。我将根据这样的假设:过去衬衫都卖
> 掉了,所以他们还可以卖……他们为什么不卖?问题一定出
> 自衬衫本身。不是市场上出现了什么新东西就是领子不时髦
> 或者其他类似的原因。我的摊位是最佳的。……我加强了广
> 告宣传。我无事可做了。

差别很明显:一种情况下,设法分析和寻找原因;另一种情况下,则
是教条主义和固执己见而不去分析。我们不知道罗思的好参加者比坏

参加者是否实际上提出更有条件和策划的措施,但似乎是考虑到他们取得了较大的成功。

这里我们所关心的是如何对待、考虑或忽视规划中的条件问题。为什么有的人在作计划的时候考虑到条件的问题而有些人却不去考虑? 这里我们又要进行推测了。尽管如此,有必要回忆一下我们曾讲过的,忽视条件的规划更容易、更快,能提出更清楚的概念或行动。谁能找到那些合意的特征呢? 或许他在一个复杂决策条件下,感到特别不确定。

这是不是说那些有自己清楚而简单计划的果断的人,实际上内心却胆怯,缺乏决断? 有时候也许是这样,但决非总是这样。简单计划也可能是好计划,有时候果断来自我们知道该做什么的信念。

我们如何区别一种情况和另一种情况呢? 不安全感促使其忽视条件的人,可能会知道,或至少对其产生怀疑。从而他将倾向于避免将他的计划转化为行动,因为那会将计划的不充分性暴露无遗。

在无视条件作计划之前,我们或许应该考虑康德(Kant)的忠告:"制订计划常常是一种思维丰富和自负心强的职业,因此,通过查询它自己不能提供的东西,责难它不能改进的地方,以及提议它要知道而无从发现的东西,而得到具有创造天赋的好名声。"[23]

吃一堑长一智? 不一定!

如果我们进行了规划,作出了决策,并且通过自己的行动或者委托他人执行我们的措施,实施了该决策,那么大多数情况下,那些措施将产生结果。(当然,并非措施总有结果。某些措施——决非不常见——根本没有实现任何东西。)

研究措施的结果给我们提供极好的机会,纠正我们不正确的行为倾向和对实际情况的错误假设。如果我们的措施产生了意想不到的结果，其中必有原因。分析那些原因，我们可以懂得哪些方面将来应该做得更好或有所不同。或者人们将会如此思考。

当我们得到一个意外结果时，不妨问自己，是否开始时前提不对，是否对实际情况有不正确或不全面或不精确的图景。然后可以反过来问自己，为什么我们的想象与实际相差如此之远。我们收集信息的方法错了，还是我们只是过早停止了收集信息？我们作了不正确的假设，还是我们所对待的真实情况的不透明、不完全使得预想不到的结果不可避免，或者正确的措施实施得不对？如果真正如此，我们必须密切注意应用措施的人们。

无论如何，意外结果应使我们暂停。甚至负面结果也给我们提供一个应用修正的机会，以便帮助我们改进将来的行为。或者人们将会如此思考。

事实上，人们总在寻找并找到若干办法，来避免面临他们行动的负面结果。这些办法之一便是"弹道行为"。

炮弹的运动就是弹道行为。我们一旦将炮弹发射出去，便不能对其进一步施加影响。它所行走的路线完全由物理学定律确定。火箭的行为不是这样，不是弹道行为而是受到驾驶员的控制，或者受到一个操作员的遥控，如果它偏离了设计轨道，操作员可通过遥控改变它的飞行轨道。

显然，作为一般原则，行为不应该是弹道行为。因为我们掌握事实只能是部分的，开始行动以后必须能调整行动的路线；而分析行为的结果对这些事后矫正至关紧要。

赖特(Franz Reither)做的一个实验证明弹道行为的普遍存在。[24]参加者每5人分为一组，要他们在萨赫勒的一个虚构的地区进行开发援助。除了当地的部落被称做达格人之外，整个实验就像我们对摩洛人的实验一样。参加者可以推荐使用新品种的肥料;可以引进新品种的牛;可以征用拖拉机、联合收割机和其他农业装备;还可以贯彻其他或多或少有用的措施。图36左边的图线记录参加者控制这些措施的频度。"控制"在这里的意思是提出问题,诸如:"新引进的肥料产生了什么结果?"

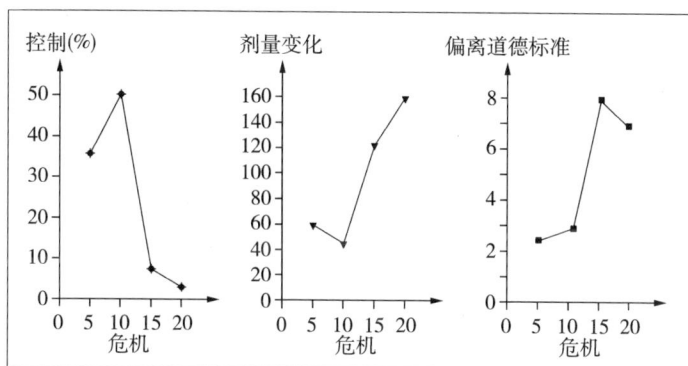

图36　赖特实验中措施的控制、剂量变化和偏离道德标准

在各小组活动的第一个5年之内,平均控制的数字是30%。也就是说,在参加者作出的100个决策之中,后来有30个那样的决策他们要问及后果。那并不是很多,但是正如我们在图36也看到的,在实验的过程中事情发生了变化。在第二个5年期间,控制上升到50%以上。

检查功效的要求好像在增加,但决不作为主要部分。那是很奇怪的,因为我们曾期望,有理性的人们在面对一个他们不是完全理解的系统时,会抓住每一个机会对系统进行更多的了解,因此将采取"非弹道"行为。但在极大程度上,实验的参加者们没有那样做。他们将决策像炮弹一样发射出去,几乎不再去考虑炮弹可能会在何处着陆。

我们觉得很奇怪,但是有一种解释容易利用。如果我们从来不注意行为的后果,便可以永远对我们的能力保持幻想。如果我们作出决策来改正一个缺点,而后来决不去检查决策的后果,那么可以相信那个缺点已经改正了,我们便可以转向新的问题了。弹道行为的最大优越性是能够解除我们所有的责任。

情况越不明朗,越可能唤起我们用弹道行为支持我们对能力的幻觉。弹道行为减少了我们的模糊感而增加了对自己能力的信任。不一定是坏事,对不对?

关于赖特的达格实验还有一些话要说。第10年后,出现了一次危机:一个邻国对达格提出了30%的领土要求,并在一次残酷的侵略行动中,完全占领了它。但是达格人为他们的需要保留了足够的土地,这一事实也通知了参加者。换句话说,没有实际的必要采用非常的措施对占领作出反应。

赖特是这样描述其反应的:

> 对于购买武器并对过去没有军事经验的居民进行军事训练的决策,基本上一致同意。为了给这一附加的开支筹集资金,实验参加者决定必须大力提高农田作物和牛群饲养的产量,为此他们主要是增加使用肥料和杀虫剂以及猛抽地下水。征召一些男性居民意味着劳动力的减少,参加者试图通过要求剩下的劳动力特别是妇女和儿童干更多的工作来对其进行弥补。而这一措施常常伴随着采取食物配给的办法。

当然,人们承受这类危机不会是轻松的事情,容易看出为什么实验参加者觉得他们需要彻底地改变行为。因为改变行为迫使他们放弃已经习惯了的策略,因此他们的能力感是受到损害的。从图36可以看到,这一情况使得弹道行为大量增加。在第11年到第15年、第16年到第20年期间,所有决策的10%或更少受到了后续行动的控制。大多数的决策都是弹道式的,借以支持我们的想法,即弹道行为可以用来支持人们对自己能力的幻想。

弹道行为增加的倾向不是第10年后所发生危机的唯一影响。图36中间的那幅图表示另外一种有趣的效应:措施"剂量"的变化程度。这里的"剂量"一词是指贯彻一种措施的强度。例如,如果我们在1英亩(1英亩=0.405公顷)土地应用了3吨化肥,那么比起1英亩使用2吨化肥来,我们应用了这种措施的一个较大剂量。如果我们要求钻30眼井,那么比起只要求钻10眼井来,就是一个较高剂量。

赖特测量了剂量的可变性。[25] 如果所有的实验参加者应用大约相同的剂量,可变性是低的。如果一些参加者应用很高的剂量,而另一些参加者应用很低的剂量,那么可变性就高。中间那幅图表示赖特在实验的第四个5年期间得到的可变系数的变化过程。实验参加者在危机之前所作的测量仅表示出一个中等程度的可变性,但是危机之后有一个明显的、统计上显著的改变:实验参加者要么采取更强硬的手段,要么采取弱剂量表示放弃。这些结果还支持这样的思想:行动可能助长一种对能力的幻想。通过大量地介入,一个人证明他的能力,证明他能够把握形势——他至少给自己证明。相反,一个人觉得是被迫地对自己或他人证明他相信他不具有的一种能力,他很可能就放弃。

赖特实验中危机的第三个结果可能比我目前为止所讨论过的结果更为有趣。图36右边的那幅图表示这种效应。

实验之后,赖特要参加者再考虑一下他们已经采取的各种措施,但是,此次他要求他们按照偏离参加者道德和伦理标准多远对措施划分等级。在最初两段时间,平均偏差数较小。但是危机之后偏差颇大,平均6—7点。不仅危机和与之相伴的丧失能力导致参加者更多的弹道行为并提高他们采取措施的剂量,而且参加者开始按照"只要目的正当,可以不择手段"的原则办事,不在乎至高无上的道德标准了。简言之,我们在此发现一种玩世不恭和侵蚀道德标准的倾向。当然,这不是什么新东西,但这样一种倾向以具有统计显著性效应而出现——就是说,作为毕竟完全无危险的模拟情况下的一种总的倾向——它确实给我们提出某些需要思考的东西。

弹道行为不是唯一使我们能避免面对自己行为的负面结果的途径。如果没有其他出路而且我们被迫要去识别它们,那么总可以求助于心理学家雅称为"外部归因"的办法。我们总可以说:"我曾有着最好的意图,但是环境不允许我实现所希望的东西。"当然,"环境"总是可以找到的,特别是那些"邪恶力量",使用恶毒的不光明正大的阴谋手段对我们美好的努力采取破坏和妨害行动。

还有一种为人们的失败开脱的形式是转变目标。前面我曾提到过这种策略:我们可以把"坏"事变成"好"事,使我们在塔纳兰造成的饥荒对改变人口结构发挥一种重要的作用。

最后,可以通过一种对我们的措施"免除边界条件限制"的办法,来保护和维持我们的能力。[26] 通常,措施A产生效果B,我们是可以推理的。但是在某些有限的且不幸此刻正好流行的条件下,措施A产生其他别的效果。

在贮藏室实验中,一位参加者确信奇数提高贮藏室的温度而偶数降低其温度。但是有一次,当调节器设置为一个奇数时,温度下降了。这证明实验参加者错了吗?完全不是这样。你想,如果恰恰在你把调节器设置为一个奇数之前你是将它设置为100的,那么一般规则不适用。在那种特殊情况下,奇数有一个不同的效果。

在贮藏室实验中,参加者面对他们行动的结果及其反馈,交替频率太快,谁也不能根据局部和有关周围的情况用条件限制的办法去长时间地维护不正确的假设。但是在其他情况下,这种条件限制是可能的。如果对我们行动的结果反馈很少并且是一种容易加以忽略的反馈,那么免除边界条件限制是消除所有对我们能力怀疑的一个非凡的方法。

第七章

那么现在我们怎么办?

我们已经熟悉了在对待复杂系统时,人类思维的诸多不足。我们看到人们不能具体阐明他们的目标,不能确认何时他们的目标会彼此矛盾,不能够设置清晰的优先顺序。我们还看到他们在处理时间发展过程时严重失当。最为重要的是,我们看到人们无法改正他们的错误。也许用死记硬背的方法能够纠正这些失败,但是一种更为有用的实践是去确定这些不足的主要心理学原因,从而我们可以从根本上解决这些问题。[1]

许多失败的第一个原因,仅仅是由于人类思维过程缓慢。我在这里有意地说成"思维过程",与我们无意识的信息处理过程形成对照。我们人对许多工作是相当敏捷熟练的。在拥挤的交通条件下,一个普通司机对各种各样信息进行处理并作出正确反应的速度是惊人的、难以置信的。曾试图甚至只是从概念上建立过如此良好的一种人工系统的任何人,对此深表敬意。人工系统在这方面能够达到的水平并不令人满意,我们只能嘲笑这些人工系统从复杂多样的环境中筛选所需要的指导它们正确行动的信息时所遇到的困难。(但是开发这种系统并没有进入死胡同,而且我的确不相信它们生来就不能识别复杂的形状,不能对信息进行筛选。)

另一方面,倘若一台计算机会笑的话,它一定会对我们为计算341 573/13.61花去那么多的时间感到绝对荒唐。我们可以练习这些作业以提高我们的计算速度。我们可以记住1到10 000之间的素数,并在这方面把许多捷径合并到记忆过程之中。但是这样的努力不会改变这种事实:我们对待未知现实所需要的真正的"工具",即我们有意识的思维,活动太慢,而且不能同时处理许多不同信息。

因此,我们的迟钝迫使我们选取捷径,促使我们尽量有效地利用不多的资源。这种节约的需要——节约时间和精力——成为我在这里已考察过的思维过程中许多失败的基础。让我们来看一些个别的例子。

"要紧的事情先做"这一格言可以很好地解释为什么当我们面对一项任务时,就立即开始规划行动和收集信息,而不是具体地阐明目标,平衡部分矛盾的目标,区分其优先次序。我们有了一个问题,所以就开始工作,不要为了把它搞清楚浪费很多时间。

如果,不是澄清一个系统各变量之间复杂的相互关系,而是选择一个变量作为中心变量,那么我们在两个方面有所节省:第一,节省了大量的额外分析工作;第二,在以后收集信息和制订计划时能节省时间,因为如果一个变量是我们手头整个问题的中心问题,我们就只需要有关那个变量的信息。如果一切别的东西不管怎样也依赖这一中心变量,就无须担心其他变量的状态。我们还可以把规划过程集中于一个核心变量。这类简化处理是很难的,但这允许我们最经济地使用被称为"思想"的宝贵资源。

如果通过设定规则处理一个复杂的变量系统,那么我们将再次在两个方面做到节省:第一,我们不必把那些分不清的使某一行动取得成功的各种环境进行分类;第二,我们精简规划过程,只运用少数的普通规则,而不是许多的、局部适用的规则,还必须逐一确定是否存在成功地应用这些规则的必要条件。克劳塞维茨在他砍伐大树的比喻中强调的"战略思维"要求花费的脑力，比起像割草人挥动大镰刀那样使用一条简单的原则进行思维所花费的脑力要多得多。

在处理时间结构系统时，如果我们线性外推，那么就省去了考虑复杂和烦人的观察和分析的许多思维，它们是理解支配任何一种时间过程的特殊定律所必需的。

不考虑副作用和长期影响的规划，比事先分析那些可能性，也要经济得多。

"方法主义"——以老的只需要让其循环旋转的确定的行动模式来看待新的情况——远比每一个别情况下考虑特殊的局部条件需要什么反应方式经济。

"弹道式决策"允许我们忽视行动的结果，也为我们节省了许多考虑。使我们避免对怎样才能把事情做得更好的问题思虑太多（且定不下来）。

总之，在我们处理复杂系统时，节省的倾向似乎起着主要作用，促使我们省略思维过程的某些步骤或尽量将其简化。

人类思维有许多不足和错误的第二个原因，来自认知过程领域之外。对我们的能力保持肯定的看法，对于形成我们思维过程的方向和路线作出显著的贡献。

要求行动的时候，只有当我们觉得至少具有最低限度的能力去完成要做的事情时才去行动。我们必须感到行动将最终成功。没有某种成功的期望，我们根本不可能行动而宁可听从命运的安排。我们常常把思维方向从实际的目标改变到能够保持我们能力感的目标。这一自我保护行为对于维持一个最小的行动能力至关重要。

思维过程中，我们可能认为是一种节省努力的许多捷径和省略，也可以解释为自我保护。如果我们提出一个简化假设而且认为一切都依赖于一个中心变量，那么不仅把事情都变得容易了，而且还得到了一种安慰,感到事情都在我们的控制之下。没有这种简化,我们可能发现自己漂浮在一个由数据和很不容易分析的相互关系构成的海洋之上,而浮在海上不是一种愉快的感觉。形成简单假设并限制搜寻信息,可以缩短思维过程并允许我们有一种能力感。

我们无限地从事制订计划、收集信息和构造过程的倾向,也能够反映自我保护的一种需要。如果过多的规划和收集信息使我们无法与现实接触,那么现实将没有机会使我们知道我们的措施是不起作用还是完全错了。

"方法主义"也可能起因于自我保护的倾向。不是像克劳塞维茨砍伐大树的比喻建议我们的那样,去考虑特殊情况下的特殊要求,不去揭露我们手边准备好了的行动方案不适用,却宁可假定新问题是一个旧的熟悉的类型,即我们过去经常解决的这类问题。这种假设使我们感到安全——看到我们可以应付局面。这样,根据弹道式规律办事,如果我们实际上必须要做规划好的事,那么就可以避免面临任何错误——或者面临行动根本没有什么效果这一简单的事实。我们将拒绝考虑行动结果。

另一个被证实了的保护我们能力感的方法,是只去解决那些我们知道能够解决的问题。如果我们解决可以解决的问题,而拒绝不能解决的问题,那么便加强了我们的能力感。

处理复杂的随时间变化的系统时碰到困难的第三个原因,是人类记忆存储系统吸收新材料的速度较慢。人的记忆可能有一个很大的容量,但是它的"流入容量"较小。我们在任意已知时刻所感觉到的东西,可能内容丰富,色彩斑斓,轮廓清楚。但是,我们闭上眼睛的时刻,那许多丰富多彩的东西立刻消逝——留下不清楚的昏暗的轮廓——而当我们离过去越远的时候,记忆里所记录下来的信息就越少。

这种接收信息的衰落现象可能有它自己的功能。通过屏蔽多余的信息对我们的干扰,它可能为我们提供一些形成"等价分类"所需要的抽象方案。但是,它确实有自己的缺陷。人类面对时间结构系统所碰到的困难是一个重要例子。这类过程给出过多信息可能部分地说明这些困难,但是它们也可能部分地由于我们的健忘,由于我们丢失信息所造成。如果我们不能形成一个时间结构系统的图景,就不能重视那种时间模式来矫正我们的思维和行动。这种无能为力说明贮藏室实验中一些参加者的特别行为和天蛾实验中一些参加者对现状的困扰。他们不能考虑较早发生的每一件事,只是因为那种信息已不再存在于他们的记忆之中了。

第四种心理学机制在我们的思维过程中似乎对于失败的责任没有对于忽略那样多。我们不考虑不存在的问题。为什么,我们的确应该如此吗?但是,在解决包含复杂的动态现实的问题时,我们必须考虑此刻可能没有但可能作为行动的副作用而出现的问题。

我们没有忽略一种情况下的"隐式"问题,否则考虑规划措施的各种可能的副作用将使我们负担太重。当然,我们可以忽略它们,因为此刻没有遇到那些问题,所以不会遭受它们坏作用的影响。简言之,我们是当前的俘虏。

我们思维的迟缓和任何一次能处理的信息量太小,我们要保护能力感的倾向,记忆有限的流入容量,以及只把注意力集中于迫在眉睫问题的倾向——这些都是我们在处理复杂系统中犯错误的简单原因。但因为它们是可以理解的障碍物,我们在大多数时候应该能找到办法避免。在下文中,我们将考虑一些改进的可能性。

让我们再一次回到摩洛实验。图37表示两个由15个参加者(规划和决策领域的"专家"和该领域的"外行")组成的小组在其"统治时期"结束时,牛、植被区、地下水、资本和谷物产量的各自平均数。

我们给两个小组的任务都是管理摩洛族系统。专家小组由大企业

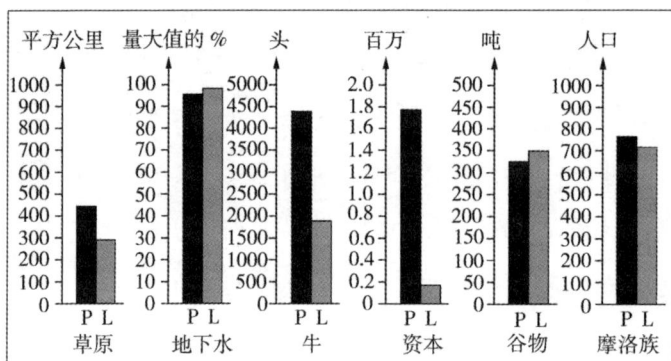

图37 "专家"(P)和"外行"(L)统治20年后摩洛族领地各主要变量的状况

和商行经理组成;外行小组由学生组成。图37清楚地表明,从几乎所有的判据来看,专家留给摩洛族土地的状态远比外行优越。某些变量两个小组没有什么差别。谷物产量两个小组的平均数相差很小,地下水供应也是如此。但是,资本、牛以及植被区,这些决定性的变量,其差别的确很显著。

为什么如此呢?专家在工商界都身居高级管理部门,他们比学生参加者年长许多,因此在他们的背后有着远比学生多的专业和生活经验。我们没有对来自工商界的实验参加者进行智力测验,因此只能猜测是否两个小组的智力情况可以相比。我们的假设是学生们在这方面不会落在经理们后面。的确,我们的印象正是学生们在一定程度上能够比年长的经理们更好地记录和记忆信息。我们曾期望能够发现存在于较年长和较年轻参加者之间的这种差别。尽管如此,较年长的参加者凭借其较多的规划和决策经验,将任务完成得更好。其他研究也得到了类似的结果。例如,在一个主要是考虑经济管理的实验中,商学院的教授比商学院的学生完成得好。但是在这一情况中,该领域教授的指令可能起了某种作用。[2]

两个小组中没有参加者能够在萨赫勒地区利用以前的管理经验,

但是,假设流行的兴趣存在于学生中间,我们能设想外行对生态学和对第三世界比专家有更大的兴趣。但是我们不能对参加者的价值和兴趣作出任何精确的陈述。两个小组似乎在实验中有着同样的兴趣。

如果两个小组之间智力无差别,专门的经验无差别,动机亦无差别,那么什么有差别呢?用什么理由来解释专家的更大成功呢?

我认为解释是"运用智能",即个人所具有的运用他们的智能和技能的知识。在处理复杂问题时,我们不能用同样的办法对待所遇到的所有不同情况。有时我们必须进行详细分析;而另一些时候最好只是估计一下情况的大小。有时我们需要对情况有一个全面的但轮廓粗糙的了解;而另一些时候可能必须密切地注意其细节。有时我们需要非常清楚地确定目标并在行动前仔细分析要达到的准确目标究竟是什么;而另一些时候最好简单地干活,对付过去就行了。有时我们需要更"全盘地"、更总揽地考虑问题;而另一些时候则需要有分析地进行研究。有时我们需要拭目以待局势如何发展;而另一些时候必须快速行动。

值得注意的是我们能够以所有这些不同的方式行动:"我们不需要改造大脑;要做的一切只是更好地利用它们的可能性。"[3]

特定时间的一切事物对存在的条件有特殊的关注。不存在普遍适用的规则,不存在我们可以应用于现实世界发现的每种情况以及所有结构的魔杖。我们的工作就是,在恰当的时间,以恰当的方式去思考,去行动。完成此任务可能存在若干规则,但这些规则是局部的——在很大的程度上它们是特殊环境要求的。这反过来说明存在着很多的规则。

我想专家和外行之间的差别在这里可以找到。我们都知道许多经验法则。"三思而后行。""有的放矢。""知己知彼。""吃一堑长一智。""勿意气用事。""集思广益。"谁会不同意它们有用?但是对它们来说困惑的是它们并非总是适用。有些情况下,最好是先行动,而后思考。有时我们应该缩短收集信息过程。如此等等。

专家不仅知道这些规则,而且能在恰当的时候应用恰当的规则。

我们的日常语言区分出许多方面的智能,一些是先天的,另一些是后天通过自己的努力得到的。天赋是与生俱来的禀赋,而聪明人通过经验获得他们的智慧。我觉得,**以最恰当的方式**处理问题的能力,似乎是智慧的特点而不是天赋的标志。[4]

假如是这样的话,那么传授和学习如何在复杂情况下进行思考,一定是可能的。本书介绍的一些结果说明,人们可以对多种环境作出反应,并学会处理多种领域的现实问题。天蛾实验中04号参加者mlg的行为就是一个例证。正如我们可以从图34看到的,该参加者开始表现不佳,但后来他吃一堑长一智。这一个体能做的事情,在一个大得多的范围应该是可能的。

我们如何教人们有效地对待不确定性和复杂性? 这里,找到恰当的策略至关重要。可能不存在事先准备好的方法教导人们如何处理复杂的、不确定的动态的现实,因为这样的现实从来就不以事先准备好的形式表现自己。

但是,较简单的方法可以改进我们的思考能力。图38表示一个实验的结果,该实验要求参加者求解若干有相当难度的有关一个灯泡阵列的问题。[5]12只彩色灯泡排成三个分量,每一个分量皆包括蓝灯泡、绿灯泡、红灯泡和黄灯泡各一个。在阵列的任何“状态”下,每一分量中的一个灯泡将被点亮。每一个问题要求阵列从一个已知的“初始态”,譬如“红—绿—红”,变成一个特定的“期望态”,譬如“蓝—黄—绿”。

实验参加者使用一个开关板来控制阵列的各分量。例如,按动一个确定的“操作”键将使第三个分量交替改变成所有的4种颜色。如果第三个分量是红色,按键将使其变为绿色。再按就使绿变黄,再按则黄

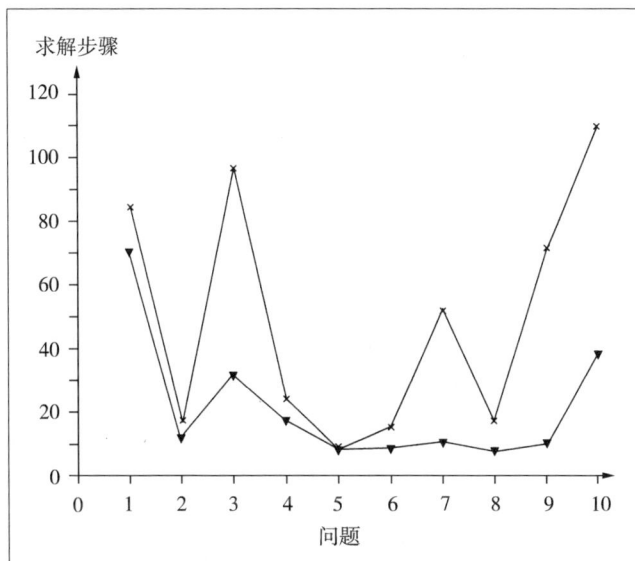

图38 自我反省组(▼)和对照组(＋)解决一个问题的步骤数

变蓝,再按则由蓝色变回到原来的红色。还有一个"交换"键用来转换阵列中的颜色。按动这个键将使"红—黄—绿"转换为"绿—黄—红"。最后,还有一些键具有非常复杂的效果,依赖于是否存在特定的条件。例如,如果第一个分量是红的而第二个分量是绿的,按键使第三个分量出现黄色。但是如果第一和第二个分量都是绿的,按键则使第三个分量成为蓝色。参加者在开始第一个问题之前,不知道这些按键将会产生什么效果。

参加者分为两组——一个实验组和一个对照组,两个组各要求解决10个问题。要求对照组的成员在解决每一个问题后,记录下他们对各按键效果的假定。对实验组的成员,要求他们只是想一想自己的思维过程。换句话说,要求他们在回想求解每一问题时,反省他们的经验。

正如我们从图38看到的,要求反省具有一个重要的结果。实验组比对照组执行得好得多。反省我们自己的思维过程——没有任何指导——能使我们成为更好的问题解决者。

但是应该指出,该灯泡阵列是一个比较简单的系统。在较复杂的情况下,这样无指导的反省我们自己的思维过程可能是有破坏性的,使我们感到不确定,从而产生负面结果。格林韦尔实验表明,当情况复杂时,指导也会达不到目的。

我们把格林韦尔实验参加者分作三组:一个对照组、一个战略组和一个战术组。战略组和战术组在处理复杂系统的某些相当复杂的过程中受到指导。给战略组介绍了像"系统"、"正反馈"、"负反馈"和"临界变量"等概念,并阐明目标,确定和(若需要)改变优先顺序的好处等等。教给战术组一个特别的决策程序,即"灿格迈斯特(Zangemeister)效率分析"。[6]

实验进行了几周,结束以后,要求参加者评价他们所接受到的培训;图39表示这些评价结果。战略组和战术组的成员一致认为,训练对他们有"适度的"帮助。对照组的成员在某些模糊的、不清楚的"创造思维"中受到训练,他们觉得训练对他们用处极小。各种评价之间的差别统计学上显著。但是,如果我们考察参加者的实际表现,也考察他们对自己认为从训练中得到的帮助的评价,那么我们发现三个小组的表现根本没有差别。

为什么通过某些过程"调教"的参加者认为这一基本上无用的训练已有某种帮助呢?训练给予他们的东西,我将其称为解决复杂问题领域的"言语智能"。用许多闪亮的新概念把自己装备起来,他们得以**谈论**他们的思维、行动和曾面临的问题。但是,这种雄辩的收获在他们的工作表现中未留下任何印记。其他研究者报告了一个类似的言语智能和运用智能之间的差距,并在"显式"和"隐式"知识之间进行区分。[7]谈论某些事物的能力,不一定反映现实中处理事物的能力。

训练值估计 (0 — 7)

4

3

2

1

0

S   T   C

培训组

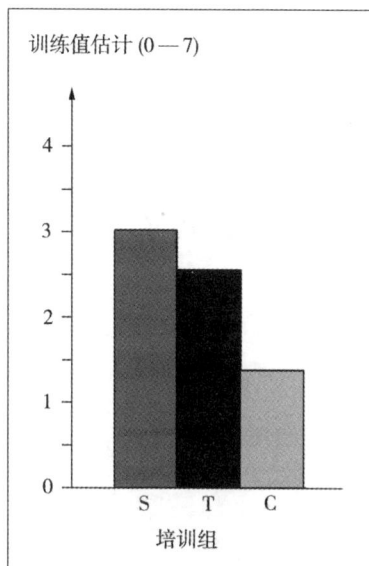

图39　格林韦尔实验中战略组(S)、战术组(T)和对照组(C)所受到训练值的估计

　　显然,纯粹的指导不一定有价值,即使在现实世界里需要立竿见影的指导,但是它绝不能替代经验。那么我们怎么办呢? 这个问题的答案——如同我们问到的许多其他问题的答案——涉及一种平衡。我们应该反省自己的思维,但是需要某些指导。

　　虽然,当我认为如此经常地在心理学研究中用到的计算机研究工具作为指导工具也有价值,读者可能觉得我被计算机迷住了,但是计算机的确可以提供反省的机会。决定性的复杂的情况不是总可以用来做研究工作的,而且在现实世界里,我们的错误所引起的后果发展缓慢并且可能出现在距我们行动很远的地方。延迟很久或相距很远,我们甚至可能认不出它们是我们行为的结果。因此,我们几乎没有机会吃一堑长一智。用计算机模拟的规划和决策的局面可能没有现实世界中那样复杂,但是它有其巨大的优越性,使我们能够快速进行实验并直面所犯的错误。

因此,模拟局面是一个极好的教学设备。但是如果我们只是把学生在这些局面下放任自流,那么可能无人能得到益处。仅仅行动几乎是没有价值的。更有意义的工作是汇集使参加者暴露于各种系统提出的一个"需求交响乐"的一组不同局面。我们也应该有专家观察参加者的规划和行动过程。这些观察者能够查清认知错误,并识别他们的心理学确定因素。在仔细准备的相继时段中,参加者可以看到他们所犯的各种错误和可能的原因。

从这样的训练中我们能学到什么呢?

我们能学到必须把目标讲清楚。我们都知道应该如此,却很少能够做到。

我们能学到永远不能一次实现所有的目标,因为不同的目标可能彼此互相矛盾,我们必须常常在不同的目标中间采取折衷方案。

我们能学到必须设定工作的优先级,但是不能永远坚持同样的优先级,我们可能不得不改变优先顺序。

我们能学到当对待一个已知结构时,应该形成系统的模型。我们必须预测副作用和长远影响,且不要被它们征服。

我们能学到如何使收集信息工作适合我们手头任务的需要,既不过分详细,也不草草了事。

我们能学到过分抽象的后果。

我们能学到将某一领域所有的事件都草率地归咎于一个中心原因的后果。

我们能学到何时要继续收集信息而何时停止。

我们能学到倾向于"横向"或"纵向"规避,而且这种倾向可以得到控制。

我们能学到有时行动只是因为想给自己证明,我们**能够**行动。

我们能学到膝跳反射式"方法主义"的危险。

我们能学到必须分析错误,并从中作出结论改组我们的思维和行为。

我认为,重要的不是发展异乎寻常的精神能力,不是充分使用被忽略的右半脑,不是解放某些神秘的创造性潜能,也不是动员潜在的90%智力。实际上只有一件事是重要的,这就是开发我们的判断力。

当然,一切都取决于我们如何使用这种判断力。例如,时间结构问题似乎常常超出判断力范畴。通常,我们对随时间展开过程的特征没有给予足够的重视。我们昨天做的事情已经消失在过去的朦胧之中,而明天应做什么还是完全茫然不知。我们人类是当前的创造物,但是在当今世界,我们必须学会在时间结构中思考问题。我们必须认识到措施的执行和它的效果之间有一个延迟时间,必须学会识别时间方面的"形状",必须知道时间不仅有它们即刻的、可见的效应,而且还有其长远的影响。

我们还必须学会从系统的角度考虑问题,必须认识到在复杂系统中不能只做一件事情。不管要不要,我们所采取的任何一个步骤将影响其他许多事情。我们必须学会应付各种副作用,必须认识到决策的影响会出现在我们从未期望看到它们的地方。

我们能够学到这一切吗?

在这个现实世界里,我们不能,浩瀚的时间空间把我们的错误藏起来不让我们发现,因此我求助于模拟。在计算机里时间过得很快,而且距离是不存在的。模拟可以使我们的决策和规划的后果可见,这样可以建立较大的对现实的敏感性。

犯错误对认知来说很重要。但当我们处理现实的复杂系统时,难以查明错误。现实世界里,危机(幸运地!)不常见;一个人很少有机会把他在一次危机中得到的经验带到另一次同样的危机中去。结果,在对待十分复杂情况时所犯的错误往往不教给我们什么有价值的东西。

相反,模拟可以一次又一次把人们置于同一种危机之中,提高他们对这种情况下特殊性质的敏感性。

我的目的不是宣传一种特殊的思维模式。我希望我已经讲明白,人们常说的"系统思维"不能看作是一个单一的个体,不能看作是一种独特的、孤立的能力,而是一大堆能力,其核心是在给定环境条件下,运用我们正常的思维过程,运用我们的判断力的能力。环境永远是不相同的! 一会儿这个部分是决定性的,一会儿那个部分是决定性的。但是我们可以学会处理给我们提出不同要求的不同情况。我们也可以传授这种技能——将人们置于一种情况,然后又置于另一种情况,与他们讨论他们的行为,更为重要的是与他们讨论他们的错误。现实世界不给我们提供这样做的任何机会。

我们今天有机会从事这种学习和传授活动。假扮一直是训练我们处理实际问题能力的一种重要途径。我们应该以集中的方式使用这种方法。我们现在有了这方面比过去好得多的方法,应该利用它们的优越性。

我们所说的是一种无聊想法吗? 做游戏要一本正经吗? 以为做游戏就是做游戏,一本正经就是一本正经,说明他对两者都没开窍。

注 释

引言 为什么会发生这种情况?

1. T. Kleyn and J. Jozefowicz, "Wasteland Created by Human Hands"; reviewed in *Hamburg Evening News*, 28—29 December 1985.

2. R. Riedl, *Über die Biologie des Ursachen-Denkens: Ein evolutionistischer, systemtheoretischer Versuch*, Mannheimer Forum (Boehringer), 1978—1979.

3. G. Vollmer, *Wissenschaft mit Steinzeitgehirnen?* Mannheimer Forum (Boehringer), 1986—1987.

4. E. De Bono, *New Think: The Use of Lateral Thinking in the Generation of New Ideas* (New York: Basic, 1968); F. Capra, *The Turning Point: Science, Society and the Rising Culture* (New York: Simon & Schuster, 1982).

第一章 若干事例

1. 这种类型的灾害可以称之为马尔萨斯灾害,得名于英国经济学家马尔萨斯(Thomas Robert Malthus,1766—1834),他认为整个人类正是朝着这样一个大灾难走去。今天人们不再接受他的观点,但是这种局部发展的实例仍然可能存在。例如,我们可以参考 H. Birg, "Die demographische Zeitwende", *Spektrum der Wissenschaft*, part 1 (1989): 40—49。

2. 读者可能想知道,一种计算机游戏如何能够模拟像这样的居民满足的心理学因素。我们做到了——通过居民分片调查,非常精确地做到了——通过给居民生活的各个方面赋值,诸如生活标准、住房条件、劳力市场前景、犯罪率(在格林韦尔接近于 0)、业余活动利用率等等(例如 1="很好",0="很差")。我们把这些数字加起来,考虑每种类型的重要性,然后将总数赋值给"满意"标签。(实际情况更有些复杂,但其要点是所有的标签和计算给出一个数字,参加者认为它准确地反映了格林韦尔居民的满意程度。)

3. T. Stäudel, *Problemlösen, Emotionen und Kompetenz* (Regensburg: Roderer, 1987)。

4. 对于那些对精确数字感兴趣的读者来说,结果表明低的正相关,产品—时刻相关范围 0.1。如果人数很多,我们认为这一相关在统计学上显著。但是,相关如此之低,没有预测和诊断价值。

5. J. T. Reason, "The Chernobyl Errors", *Bulletin of the British Psychologi-*

cal Society 40（1987）: 210—206；又见 David Mosey, *Reactor Accidents*（Surrey: Nuclear Engineering International Special Publications, 1990）, 81—98.

6. I. Janis, *The Victims of Groupthink: A Psychological Study of Foreign-Policy Decisions and Fiascos*（Boston: Houghton Mifflin, 1972）.

第二章　要求

1. H. Thiele, *Zur Definition von Kompliziertheitsmassen für endliche Objekte*, *Organismische Informationsverarbeitung: Zeichenerkennung, Begriffsbildung, Problemlösen*, ed. F. Klix（Berlin: Akademie-Verlag, 1974）.

第三章　确定目标

1. R. Oesterreich, *Handlungsregulation und Kontrolle*（Munich: Urban & Schwarzenberg, 1981）.

2. M. Csikszentmihalyi, *Flow: The Psychology of Optimal Experience*（New York: HarperCollins, 1991）.

3. M. Horkheimer, "Zum Gegriff der Verantwortung", *Die Verantwortung der Universität*, Weltbild und Erziehung（1954）: 86.

4. C. E. Lindblom, "The Science of 'Muddling Through'", *Readings in Managerial Psycholoty*, ed. R. S. Levit and L. L. Pondy（1964）.

5. K. Popper, *The Open Society and Its Enemies*, vol.2（Princeton: Princeton University Press, 1966）.

6. 做此实验的人之一蒂斯代尔(Tim Tisdale)向我报告了这一事故。

第四章　信息和模型

1. 其中可参考 H. Gruhl, *Ein Planet wird geplündert*（Frankfurt/Main: Fischer, 1975）; F. Vester, *Ballungsgebiete in der Krise*（Stuttgart: Deutsche Verlagsanstalt, 1976）; F. Vester, *Neuland des Denkens*（Stuttgart: Deutsche Verlagsanstalt, 1980）; 以及 Hancock, *Lords of Poverty*（New York: Atlantic Monthly Press, 1989）.

2. 我借用了 Vester（*Ballungsgebiete*, 61）对**决定性**一词的用法，他讲"决定性元素"而不讲"决定性变量"。

3. 北海遭受污染最小的区域内的海豹最先死亡，这一事实对公众假设几乎没有影响。见 H. Schuh, "Der Rummel um die Robben", *Die Zeit*, 8 July 1988。

4. 见 V. Gadenne and M. Oswald, *Entstehung und Veränderung von Bestätigungstendenzen beim Testen von Hypothesen*（Mannheim: Fakultät für Sozialwissenschaften, 1986）.

5. F. von Schmerfeld, ed., *Graf von Moltke: Ausgewählte Werke*, vol. 1（Berlin, 1925），241—242. 我感谢因斯布鲁克大学的欣特胡贝尔（Hans Hinterhuber）引起我对毛奇关于规划和战略思维的作品的注意。

6. C. Duffy, *Frederick the Great: A Military Life*（New York: Atheneum, 1986）.

7. R. von der Weth, "Die Rolle der Zielbildung bei der Organisation des Handelns"（dissertation, Faculty of Pedagogy, Philosophy, and Psychology, University of Bamberg, 1989）.

8. J. Goebbels, *Final Entries, 1945: The Diaries of Joseph Goebbels*, ed. H. Trevor-Roper（New York: Putnam, 1978）.

第五章　时间序列

1. 已知一个量k_0以速率p增长,复利公式给出其增长第n步的值为:

$$k_n = k_0 \cdot (1 + p/100)^n$$

这是我们在中学所学的计算利息的公式,若在1800年投资10美元,年利率是6%,那么到1995年则得本利860 028美元。我们中间有谁对他祖先的目光短浅不感到遗憾,却还怀疑该公式的可靠性呢?

2. A. Bürkle, "Eine Untersuchung über die Fähigkeit, exponentielle Entwicklungen zu schätzen", term paper, Department of Psychology, University of Giessen, 1979.

3. *Frankfurter Allgemeine Zeitung*, 14 September 1985.

4. 例如要计算10年后的病例数,将k_0=262, p=130, n=10代入上述注释1的公式中,那么k_{10}=262·(1+130/100)^{10}=1 085 374.6。

5. *Die Zeit*, 15 October 1985, 13 November 1985.

6. *Fränkischer Tag*（Bamberg）, 13 December 1985.

7. *Fränkischer Tag*, 2 December 1988；*Abendzeitung*（Munich）, 1 December 1988.

8. 增长率(p)和加倍时间(dt)之间的关系,数学上可以严格地用如下的公式表示:

$$dt=\ln(2)/[\ln(1+p/100)],$$

其中ln表示自然对数。一个数越大,它的自然对数也越大;这样,当p增加时,我们是除以一个较大的数,所以得到的dt是在减小。反过来,若p减小,则dt增大。

9. 对于德国HIV感染情况,我们只有自1987年秋天以来要求实验室提供的数字。由于不知道实验室报告的感染人数和新感染的总人数之间的关系,我们根据实验室报告所能够说的只是,正如实验室报告所指出的,联邦德国HIV感染人数**至少**有多少。实际人数仍然不知道。

10. 感染人数的增加可以用下面的公式计算:

newinfe =oldinfe/(pop–1)·(pop–oldinfe)·parte·probinfe

newinfe: 新感染的人数。

oldinfe: 已感染的人数。

pop: 总人数。

parte: 总人数中性伙伴改变的相对频率。parte 为 0.2,表示每个月有 20% 的人寻找并找到新的性伙伴。

probinfe: 某人与已受感染的人同居,也受到感染的概率。

如果开始我们有 1 个人受感染,那么 1 个月后将有 1+(1/999)·999·0.2·0.8 = 1.16 个人受感染;2 个月后有 1.16+(1.16/999)·998.84·0.2·0.8 = 1.3455 受感染;3 个月后受感染人数为 1.5607,如此等等。(感染人数自然不会是分数,小数部分应理解为估计的平均值。)

用这个公式我们可以确定任一时刻新感染的人数。(当然,该公式是建立在若干假定之上的,并非每个人认为这些假定都正确。例如,这里假定性伙伴改变完全是随机的,以及不存在具有特定行为偏爱的部分群体。)

如果居民总数不变而且所有其他参数也保持不变,那么上述公式就给出感染人数随时间的增长,按照逻辑斯蒂方程

$$y = 1/(1-\exp[-a\cdot(t_{\mathrm{h}}-t)]),$$

其中 a 表示感染增加的"梯度", t_{h} 表示增长期一半的时间长度,即在一次传染病流行中,一半人受到感染的时刻。我将不去详细讨论这一个公式和前面一个公式之间的关系。

11. J. J. Gonzales and M. G. Koch, "On the Role of Transients for the Prognostic Analysis of AIDS and Anciennity Distribution of AIDS Patients", *AIDS-Forschung* 11 (1986): 621—630; "On the Role of Transients (Biasing Transitional Effects) for the Prognostic Analysis of the AIDS Epidemic", *American Journal of Epidemiology* 126 (1987): 985—1005.

12. 回忆注释 10 中的公式以及我们的初始假定,将会告诉我们任意已知时刻感染 HIV 的人数。我们现在想知道什么时候这些人发病。

数学上,模拟是根据如下的假定,感染后任意时刻(t)发病的概率(p)是:

$$p = 1-\exp(-r\cdot[t - t_{\mathrm{i}}]),$$

其中 t_{i} 表示感染的时间。(虽然这里我不详细讨论为什么我用这一个特殊的公式,但读者应该把它简单看作是关于一个受感染者艾滋病发作的概率如何随时间增长的精确假定。)

对于 r 取值的假定反映了我们关于一个人从受到感染到发病所要平均时间的假设。如果 r 取值 0.000 15,我们便得到一个 96 个月的平均潜伏期。如果例如 $t-t_{\mathrm{i}}$ = 80——即如果居民已受感染 80 个月,那么上面的公式得值 0.011 93。如果我们把依然健康的人数乘以这一因子,就得到由"感染"向"发病"转换的人数。(在我们例子中,第 80 个月有 615 人仍然健康。所以 615·0.011 93 = 7.34,约等于 1000 的 0.75% 的数字便是上面所说的由"健康"向"发病"转换的人数。)

现在我们可以得到图24的结果。

开始46个人受感染,上面的公式和注释10的公式一起可使我们知道什么时候这46个人发病,下一次有多少新的受感染者,什么时候这些新的受感染者发病,如此等等,从而得到通过数据点的实线。

13. 我们选取初始参数是任意的,并不意味着本研究的另一个结果,即受感染的人数是任意的。我们还进行了第二种模拟,其中我们假设从1986年5月以后,濒危人群的行为发生了根本性变化,使得受感染率从53%下降到1%,下降是逐渐发生的。例如,1986年6月感率下降到52.57%,而1986年7月下降到52.14%,如此等等。这些改变清楚地由受感染人数增长率的急速下降反映出来。到1992年底他们的数目仅是总人数的7.6%,而不是我们第一个模拟所预测的20%以上那样。

但是1986年5月行为的变化**实际上没有影响1988年发病的人数**,假设艾滋病的潜伏期很长,我们也不会期望它会有多大的影响。1988年12月31日真正患艾滋病的人数为2779。我们的第一次模拟实验预测若不改变行为(见图24),那时会有2803个病例。要是行为改变(这里所描述的第二种模拟),我们预言将有2709个病例。

在我们的模型中一个较根本的行为改变,只引起艾滋病病例数目几乎感觉不到的改变,该事实使人们更加怀疑有关信息和教育已经降低了艾滋病传播速度的假定。我们希望这个假设是真的,但是到目前为止,病例数目的下降没有给出无可置疑的证据。

14. U. Reichert and D. Dörner, "Heurismen beim Umgang mit einem 'einfachen' dynamischen System", *Sprache und Kognition* 7(1988): 12—24.

15. A. T. Bergerud, "Die Populationsdynamik von Räuber und Beute", *Spektrum der Wissenschaft*, part 2(1984): 46—54.

16. W. Preussler, "Über die Bedingungen der Prognose eines bivariaten ökologischen Systems", University of Bamberg, 1985.

第六章　规划

1. D. Dörner, *Die kognitive Organisation beim Problemlösen*(Bern: Huber, 1974), 137, 157.

2. K. Schütte, *Beweistheorie*(Berlin: Springer, 1960).

3. F. Klix, *Information und Verhalten*(Bern: Huber, 1971).

4. 茨维基(F. Zwicky)使用他的"形态学盒子"系统,给本方法创建了一个形式结构,见 F. Zwicky, *Entdecken, Erfinden, Forschen im morphologischen Weltbild*(Munich: Droemer-Knaur, 1966)。

5. K. Duncker, *Zur Psychologie des produktiven Denkens*(Berlin: Springer, 1965)。

6. H. Grote, *Bauen mit KOPF*(Berlin: Patzer, 1988), 65.

7. F. Malik, *Strategie des Managements komplexer Systeme* (St. Gallen: Institut für Betreibswirtschaft der Hochschule, 1985).

8. Schmerfeld, 54.

9. B. Brehmer and R. Allard, "Learning to Control a Dynamic System", *Learning and Instruction*, ed. E. De Corte et al. (Amsterdam: North-Holland, 1986).

10. Sunshine and Horowitz, 1968, cited in T. Roth, "Sprachstil und Problemlösekompetenz: Untersuchungen zum Formwortgebrauxh im 'Lauten Denken' erfolgreicher und erfolgloser Bearbeiter 'Komplexer' Probleme" (dissertation, University of Göttingen, 1986), 50.

11. Grote, 81—82.

12. Grote, 56.

13. T. Sarrazin, quoted in *Der Spiegel*, 28 March 1993.

14. J. D. Watson, *The Double Helix* (New York: Atheneum, 1968).

15. L. von Bertalanffy, *General System Theory* (New York: Braziler, 1968), 31.

16. A. Luchins and E. Luchins, "Mechanization in Problem-Solving: The Effect of Einstellung," *Psyhological Monographs* 54, no. 6 (1942).

17. C. von Clausewitz, *On War*, ed. and trans. Michael Howard and Peter Paret (Princeton: Princeton University Press, 1984), 153, 154.

18. H. J. Kühle, "Zielangaben anstelle von Lösungen: Hintergründe für ein bei Politikern häufig zu beobachtendes Phänomen und dessen Konsequenzen", University of Bamberg, 1982; H. J. Kühle and P. Badke, "Die Entwicklung von Lösungsvorstellungen in komplexen Problemsituationen und die Gedächtnisstuktur", *Sprache und Kognition* 5 part 2 (1986): 95—105.

19. 相关为0.58。

20. 相关分别为0.64和0.67。

21. Kühle and Badke, "Die Entwicklung".

22. Roth, "Sprachstil und Problemelösekompetenz".

23. I. Kant, *Prolegomena to Any Future Metaphysics* (Indianapolis: Bobbs-Merrill, 1950), 10.

24. F. Reither, "Wertorientierung in komplexen Entscheidungssituationen", *Sprache und Kognition* 4, part 1 (1985), 21—27.

25. 赖特测到的可变性都可以作为特殊剂量相对平均剂量标准偏差的关系。

26. 这是施特罗施奈德(Stefan Strohschneider)的用语。

第七章 那么现在我们怎么办?

1. R. Kluwe, "Problemlösen, Entscheiden und Denkfehler", *Enzyklopädie der*

Psychologie: Ingenieurpsychologie, ed. C. Hoyos and B. Zimolong (Göttingen: Hogrefe, 1988).

2. W. Putz-Osterloh,"Gibt es Experten für komplexe Probleme?" *Zeitschrift für Psychologie* 195 (1987): 63—84.

3. G. Vollmer, *Wissenschaft mit Steinzeitgehirnen?* Mannheimer Forum (Boehringer), 1986—1987.

4. P. Baltes et al., "One Facet of Successful Aging?" *Late Life Potential*, ed. M. Perlmutter (Washington, D. C.: Gerontological Society of America, 1988).

5. F. Reither, *Über die Selbstreflexion beim Problemlösen*, Term paper, Department of Psychology, University of Giessen, 1979.

6. C. Zangemeister, "Nutzwertanalyse von Projektalternativen", *Systemtheorie und Systemtechnik*, ed. F. Händle and F. Jensen (Munich: Nymphenburger, 1974).

7. D. E. Broadbent et al., "Implicit and Explicit Knowledge in the Control of Complex Systems", *British Journal of Psychology* 77 (1986): 33—50.

图书在版编目(CIP)数据

失败的逻辑:事情因何出错,世间有无妙策/(德)迪特里希·德尔纳著;王志刚译.—上海:上海科技教育出版社,2018.7(2024.11重印)

(哲人石丛书:珍藏版)

ISBN 978-7-5428-6735-3

Ⅰ.①失… Ⅱ.①迪… ②王… Ⅲ.①思维方法—普及读物 Ⅳ.①B801-49

中国版本图书馆CIP数据核字(2018)第120269号

责任编辑	柴元君　王世平	**出版发行**　上海科技教育出版社有限公司
	苏　强　叶　剑	(201101 上海市闵行区号景路159弄A座8楼)
	王怡昀	**网　址**　www.sste.com　www.ewen.co
封面设计	肖祥德	**印　刷**　常熟文化印刷有限公司
版式设计	李梦雪	**开　本**　720×1000　1/16
		印　张　13
失败的逻辑——事情因何出错,		**版　次**　2018年7月第1版
世间有无妙策		**印　次**　2024年11月第7次
[德]迪特里希·德尔纳　著		**书　号**　ISBN 978-7-5428-6735-3/N·1029
王志刚　译		**图　字**　09-2016-316号
		定　价　36.00元